Elementos de Didática da Psicologia

Alfredo Braga Furtado

2019

Alfredo Braga Furtado

ELEMENTOS DE DIDÁTICA DA PSICOLOGIA

Belém-Pará-Brasil
Edição do Autor
2019

Copyright © 2019, Alfredo Braga Furtado
Direitos desta edição reservados a Alfredo Braga Furtado
Printed in Brazil/Impresso no Brasil

Projeto Gráfico: Alfredo Braga Furtado
Capa: Fernando Allan Delgado Furtado
Editoração Eletrônica: Alfredo Braga Furtado
Revisão: Fernando Allan Delgado Furtado.

Furtado, Alfredo Braga. 1955-
Elementos de Didática da Psicologia/Alfredo Braga Furtado. Belém: abfurtado.com.br, 2019, 297 p.
ISBN: 978-65-80325-05-4.

1. Didática. 2. Didática da Psicologia. 3. Elementos de Didática. I. Título.

Alfredo Braga Furtado (foto by Cláudia Santo).

A RESPEITO DO AUTOR DESTA OBRA:

Alfredo Braga Furtado é doutor em Educação Matemática (Modelagem Matemática) pelo Instituto de Educação Matemática e Científica (IEMCI) da UFPA; possui mestrado em Informática pela PUC/RJ e especialização em Informática pela UFPA. Aposentou-se como professor associado da Faculdade de Computação do Instituto de Ciências Exatas e Naturais da UFPA. É escritor. Foi analista de sistemas da UFPA de 1976 a 1995. Foi professor da UFPA de 20/08/1978 a 21/02/2018.

Contatos: abf@ufpa.br, abf2000@uol.com.br, www.abfurtado.com.br.

A relação de obras do autor encontra-se nas últimas páginas do livro.

Para meu pai, Matheus (*in memoriam*)
Para minha mãe, Beatriz (*in memoriam*)
Para meus irmãos, Paulo, Matheus e Mariza
Para meus filhos, Alfredo André e Fernando Allan
Para ela.

SUMÁRIO

APRESENTAÇÃO.. 12
   Organização do livro 25
INTRODUÇÃO.. 30
   Diretrizes Curriculares –Psicologia........................... 32
   Enade Psicologia 2018... 43
   Outras habilidades e competências desejáveis 46
   A quem se destina este livro 54

PARTE I – DEFINIÇÃO DE DIDÁTICA

1. TÓPICOS DA PRÁTICA PEDAGÓGICA — 55
1.1 Que é Ensino? 55
1.2 Que é Método de Ensino? 59
1.3 Que é Técnica de Ensino? 60
1.4 Que é Processo de Ensino?................................... 60
1.5 Que é Procedimento de Ensino? 61
1.6 Que é Estratégia de Ensino? 61
1.7 Que é Pedagogia? 61
1.8 Que é Andragogia? 63
1.9 Aspectos Fundamentais da Pedagogia.................. 63
1.10 Divisão da Pedagogia... 65
1.11 Que é Didática? 65
1.12 Didática Geral e Didática Especial 66
1.13 Textos para Reflexão 70
   1.13.1 Texto 1: *Solução questionada ... por um tempo* 70
   1.13.2 Texto 2: *Educação: Importante ou Prioritária?* 72

2. PRINCIPAIS EVENTOS HISTÓRICOS RELACIONADOS À DIDÁTICA 73
2.1 Período Inicial – a Didática Difusa 73
2.2 Segundo Período: Didática como disciplina Pedagógica ... 73
2.3 Terceiro Período: Rousseau 74
2.4 Quarto Período: Educação pela Instrução (Herbart) 75
2.5 Quinto Período: Pedagogia Renovada ou Escola Nova ... 76
2.6 Textos para Reflexão 77
   2.6.1 Texto 1: *Desde Comenius até hoje pouco mudou*........ 78
   2.6.2 Texto 2: *Para ser Didático* 79

PARTE II – ELEMENTOS DE DIDÁTICA

3. CICLO DO TRABALHO DOCENTE 81
3.1 Primeira Etapa: Diagnóstico 82
3.2 Segunda Etapa: Planejamento 83
3.3 Terceira Etapa: Administração do Ensino 84
3.4 Quarta Etapa: Acompanhamento e Controle do Ensino 85
3.5 Quinta Etapa: Finalização 86
3.6 Texto para Reflexão: *Grande Frustração* 87

4. EDUCAÇÃO EM DIFERENTES CONTEXTOS 90
4.1 Desafios da Educação Atual 90
4.2 Resultados da Educação vistos na Imprensa 94
4.3 Processo de Ensino e de Aprendizagem 95
4.4 Abordagem de Ensino e Aprendizagem do Autor 98
    Estratégias de ensino 100
    Sistema de avaliação 101
    Entrega de trabalhos 101
4.5 Questão Proposta 103
4.6 Textos para Reflexão 104
4.6.1 Texto 1: *Prescrição na Pedagogia* 104
4.6.2 Texto 2: *Raridade Profissional* 105

5. PLANEJAMENTO DE ENSINO 106
5.1 Nível Estratégico, Institucional 107
5.2 Nível Intermediário, Gerencial, Tático 107
5.3 Nível Operacional 108
5.4 Processo de Planejamento 108
5.5 Gestão da Qualidade na Educação 110
5.6 Análise SWOT 111
    Exemplo: Análise SWOT em um projeto de implantação de uma tecnologia 112
5.7 Etapas do Planejamento Estratégico 113
    Análise ambiental 113
    Objetivos decorrentes da análise ambiental 114
    Estratégias decorrentes dos objetivos 114
5.8 Componentes Básicos do Plano de Ensino 115
    a) Objetivos 115
    b) Conteúdo 116
    c) Procedimentos de ensino 117
    d) Recursos de ensino 118
    e) Avaliação de aprendizagem 118

5.9 Tipos de Planejamento de Ensino 119
Planejamento de aula 123
    Quadro 1. Esquema para plano de aula.. 124
    Quadro 2. Exemplo de plano de aula 1 125
    Quadro 3. Exemplo de plano de aula 2 126
5.10 Textos para Reflexão... 127
5.10.1 Texto 1: *Dramaturgos e Atores* 127
5.10.2 Texto 2: *Califasia* 128

6. TÉCNICAS DE AVALIAÇÃO DE APRENDIZAGEM............ 130
    Quadro 4. Formas de Avaliação de Aprendizagem em Pequena Escala   134
    Quadro 5. Avaliação de Aprendizagem em Larga Escala realizada
    no País 135
6.1 Avaliação de Aprendizagem em Pequena Escala 137
6.2 Breve Revisão Bibliográfica – Avaliação de Aprendizagem
em Pequena Escala 138
6.3 Etapas do Processo de Avaliação 140
6.4 Funções da Avaliação de Aprendizagem 142
6.5 Procedimentos de Avaliação 144
6.6 Critérios de Avaliação 145
6.7 Textos para Reflexão 148
6.7.1 Texto 1: *Quem ensina Quem?* 148
6.7.2 Texto 2: *"Poblema"* 149

7. MÉTODOS DE ENSINO 150
7.1 Classificação dos Métodos e Técnicas de Ensino 151
7.2 Descrição de Métodos e Técnicas de Ensino 155
7.2.1 Aula Expositiva 156
    Comunicação bem-sucedida 158
    Procedimentos para aula expositiva 161
7.2.2 Aula de Demonstração de Software 162
    Bibliotecas virtuais 164
    Bases de imagens e de mapas 166
    Bases de vídeos 166
    Simuladores 166
    Blogs 168
    Redes sociais acadêmicas.. 168
    Plataformas educacionais 169
    Banco Internacional de Objetos Educacionais 171
7.2.3 Aula Prática em Laboratório de Informática 172
7.2.4 Aula Prática em Laboratório de Psicologia 173
7.2.5 Técnica de Perguntas e Respostas 174
7.2.6 Trabalho em Grupo 175
7.2.7 Método de Resolução de Problemas 178

7.2.8 Método de Projetos 182
　Aplicação do Método no Ensino de Psicologia 184
7.2.9 Método de Estudo de Casos 185
7.2.10 Método de Estágio em Empresas 187
7.2.11 Estudo Dirigido 187
7.2.12 Fichas Didáticas 188
7.2.13 Instrução Programada 189
7.2.14 Sala de Aula Invertida 191
7.2.15 Exposição Rápida 193
7.2.16 Gamificação 194
7.2.17 História da Psicologia 198
7.2.18 Abordagem Dojô 199
7.3 Síntese dos Métodos e Técnicas de Ensino 202
　Quadro 6. Método ou Técnica de Ensino X Possíveis habilidades e competências desenvolvidas 205
　Quadro 7. Método ou Técnica de Ensino X Possíveis habilidades e competências desenvolvidas 206
　Quadro 8. Método ou Técnica de Ensino X Possíveis habilidades e competências desenvolvidas 207
7.4 Textos para Reflexão 208
7.4.1 Texto 1: *Interação Professor-aluno* 208
7.4.2 Texto 2: *Qual era o objetivo da aula?* 208

8. TECNOLOGIAS DIGITAIS NA EDUCAÇÃO 211
8.1 Restrições às Tecnologias Digitais na Educação 221
8.2 Distância Transacional 230
　Diálogo Educacional 231
　Estrutura do Programa do Curso 232
　Autonomia do Estudante 233
8.3 Condicionantes de Sucesso da Utilização de Tecnologias Digitais na Educação 235
8.4 Textos para Reflexão 238
8.4.1 Texto 1: *Sala de Aula e Exclusão* 238
8.4.2 Texto 2: *Leitura – necessária à vida* 239

9. QUE É APRENDIZAGEM? 240
9.1 Classificação das Teorias da Aprendizagem 240
9.2 Formas Preferidas de Aprendizagem 244
9.3 Aprendizagem de Tipos de Conteúdo Diferentes 245
　Aprendizagem de Conteúdos Factuais 247
　Aprendizagem de Conceitos e Princípios 247
　Aprendizagem de Conteúdos Procedimentais (algoritmos) ... 248
　Aprendizagem de Conteúdos Atitudinais 249
9.4 Técnicas para Fixação da Aprendizagem 250
9.5 Motivação para Aprender 251

9.6 Textos para Reflexão 251
9.6.2 Texto 1: *A Motivação dos Estudantes* 251
9.6.1 Texto 2: *Para ter brio* 252

PARTE III – EXPERIÊNCIAS DIDÁTICAS

10. GRANDES PROFESSORES – DOUG LEMOV 254
10.1 Descrição de Algumas das Técnicas 257
    Sem Chance de Não Aprender 257
    Precisão 257
    Ir Mais Fundo 257
    Comunicação Perfeita 257
    Assunto Chato 257
    Planejamento do Fim para o Início 258
    Objetivo da Aula: Quatro Critérios 258
    Objetivo Claro da Aula 258
    O Caminho Mais Certo para a Explicação 259
    Planejamento em Dobro 259
    Movimentação em Sala 259
    Repetição 259
    Métrica – Proporção 260
    De Surpresa 260
    Padrão 100% 261
    Clareza na Orientação 261
    Interação até a Perfeição 261
    Atenção aos Detalhes 261
    Elogio Preciso 262
    Energia, Entusiasmo, Bom Humor 262
    Errar Faz Parte 262
10.2 Questões 263
10.3 Texto para Reflexão: *Professor Brilhante* 263

11. GRANDES PROFESSORES – SALMAN KHAN 265
11.1 Pilares da Abordagem de Khan 267
11.2 Outros Aspectos da Abordagem de Khan 268
11.3 Texto para Reflexão: *Desistência da Carreira Docente* . 271

12. GRANDES PROFESSORES – PIERLUIGI PIAZZI 272
12.1 Pontos para Melhoria do Rendimento 273

12.2 Máxima de Piazzi 274
12.3 Importância da Leitura 274
12.4 Texto para Reflexão: *70% de Reprovação* 275

A TÍTULO DE CONCLUSÃO............................... 276

REFERÊNCIAS 279

APÊNDICE - IMPORTÂNCIA DA BOA DICÇÃO 287

Relação de obras do autor 291

APRESENTAÇÃO

Bruno D´Amore (matemático italiano, professor e escritor) é autor de livros importantes da área de Matemática. A respeito da escrita do livro "*Elementos de Didática da Matemática*", ele afirmou que teve um objetivo específico: derrubar a ideia prevalecente em certos segmentos à época do lançamento da obra na Itália em 1999 (que ignoravam a importância da Didática) de que para ensinar Matemática basta conhecer Matemática. É condição necessária, mas não suficiente; outros ingredientes precisam ser levados em conta. Estes elementos serão apresentados neste livro.

O trabalho ora apresentado faz parte de uma série que iniciei com "*Elementos de Didática da Computação*". Já nesta obra eu referia, corroborando D´Amore, que ela era a explicitação da relevância da Didática, pois, parodiando o autor italiano, para ensinar Computação não basta conhecer Computação.

Com este mote em vista, trago para a área de Psicologia o trabalho iniciado na área de Computação e que depois estendi para outros campos das Ciências Exatas e Naturais (Matemática, Física, Química e Ciências Naturais) e para as Engenharias e Arquitetura e Urbanismo; depois para a área do Direito, da Administração e das Ciências Contábeis.

Retomando a frase de D´Amore, e parodiando-a: alguém discorda de que "para ensinar Psicologia não basta conhecer Psicologia"? Este livro busca mostrar que, com o conhecimento profundo do campo da Psicologia aliado ao domínio da Didática, estão presentes os elementos necessários para garantir aprendizagem efetiva dos estudantes.

Se for possível que livros mantenham irmandade, eu instituí esta relação com meus livros "*Como Escrever TCCs (Graduação)*" e "*Como Escrever Artigos Científicos, Dissertações e Teses*", lançados em 2017 (ambos com segunda edição publicada na ocasião deste lançamento). O primeiro se destina a estudantes de graduação preocupados com a escrita de seu Trabalho de Conclusão de Curso; o segundo é orientado a estudantes de pós-graduação, que tenham em vista a redação de artigos científicos, dissertações ou teses. É compreensível que haja parte comum entre eles: por exemplo, o capítulo que cuida das formas de fazer citação, ou o que trata das maneiras de fazer referências às obras citadas no texto, ou o que cuida de aspectos característicos dos textos científicos.

Da mesma forma que fiz com estes dois livros, a série inaugurada com "Elementos de Didática da Computação", e agora com o lançamento deste "Elementos de Didática da Psicologia" tem duas partes comuns: mais especificamente, aquela em que defino a Didática e a seção em que relato experiências e contribuições de três grandes professores (Doug Lemov, Salman Khan e Pierluigi Piazzi). Cada livro da série tem seu público específico. Creio que fica compreensível esta irmandade instituída entre eles. E afasto a possibilidade de alguém falar em autoplágio.

Feito este preâmbulo, vou prosseguir esta apresentação com um relato resumido de minha trajetória na Universidade Federal do Pará, que me credencia para a escrita desta obra. Como cheguei à Computação – especificamente, à área de Engenharia de Software. Depois de bom tempo na Computação, fiz uma derivação para ampliar minhas perspectivas: o caminho escolhido foi o da Educação Matemática, e, por afinidade com o que eu fazia na Computação, com a Modelagem Matemática. Neste relato são expostas as condições, as situações e as contingências que envolveram meu percurso até chegar ao ponto em que trouxe a lume "Elementos de Didática da Computação" e também "Para Ensinar Melhor". Logo depois deste evento, tomei a decisão de, com a estrutura do primeiro livro, escrever uma série, começando com Matemática, depois Física, Ciências Naturais, Química, Engenharias, Arquitetura e Urbanismo, Direito, Administração, Ciências Contábeis e, agora, este para Psicologia.

Ingressei na UFPA como estudante em 1975, com o vestibular para Engenharia Elétrica. Neste mesmo ano, em meados do primeiro semestre, houve concurso vestibular para a 1ª turma de um curso na área de Computação oferecido na Região Norte. Na ocasião, para garantir profissionalização mais rápida (garantindo-me condições mais favoráveis de subsistência), submeti-me ao novo vestibular, já que o novo curso teria caráter excepcional, com atividades intensivas e duração de dois anos; em alguns períodos, em até três turnos de trabalho. A duração do curso de Engenharia Elétrica era (e ainda é) de cinco anos. Pesando os riscos que o pioneirismo pode acarretar, decidi fazer o vestibular. Obtive grande sucesso com a aprovação em primeiro lugar no certame. Com um ano de curso, obtive aprovação em processo seletivo para programador de computador da UFPA em junho/1976. Consegui assim o almejado emprego que garantiria sustento pessoal e de meus pais durante o curso. No fim de 1976, concluí o Curso de Tecnólogo em Processamento de Dados. Em agosto de 1978, iniciei minhas atividades docentes paralelamente com as atividades técnicas no curso pelo qual tinha obtido formação, como professor colaborador da UFPA.

Durante o ano de 1981, fiz o Curso de Especialização em Informática na Universidade Federal do Pará. A monografia de conclusão do Curso de Especialização em Informática (intitulada "Técnicas de Programação COBOL") serviu de base para meu primeiro livro (publicado pela Editora Campus – atual Elsevier, do Rio de Janeiro, em 1984). O título do livro é *"Programação Estruturada em COBOL"*, tendo alcançado a segunda edição (encontrável em sebos pelo Brasil).

No fim de 1981, submeti-me ao processo seletivo para o Mestrado em Informática na Pontifícia Universidade Católica do Rio de Janeiro, na época instituição com padrão internacional na sua pós-graduação. Fui selecionado, tendo iniciado o curso em março de 1982 e concluído em março de 1984. Durante o ano de 1983 ocupei o cargo de Presidente da Associação de Pós-graduandos (APG) da

PUC/RJ; havia mobilização intensa naquela ocasião pela melhoria das condições da pós-graduação no Brasil, em especial por melhores bolsas para mestrado e doutorado. O título da dissertação de mestrado, orientada pelo Professor PhD Arndt von Staa, foi "Gerência de Desenvolvimento de Software", defendida em março/1984.

Atualmente estou aposentado do cargo de Professor Associado da Faculdade de Computação do Instituto de Ciências Exatas e Naturais, onde exerci atividades docentes desde 1º/08/1978 até 21/2/2018.

Com respeito à busca de qualificação formal, a experiência docente me mostrou que, enquanto não tiver pós-doutorado ou pelo menos doutorado, o professor não deve acomodar-se, para não ser tolhido de oportunidades que se apresentam, e que podem enriquecer seu trabalho.

Raramente recusei ministrar disciplinas novas – tomava-as como desafios e formas de aprender mais; essa a razão por que listo em seguida trinta e seis disciplinas lecionadas na UFPA (algumas abordam assuntos correlatos) nos Cursos de Tecnólogo em Processamento de Dados, Bacharelado em Ciência da Computação, Bacharelado em Sistemas de Informação, Biblioteconomia, Engenharia Civil, Engenharia Elétrica, Licenciatura em Física ou Licenciatura em Ciências Naturais: Introdução à Ciência dos Computadores, Processamento de Dados, Programação II, Linguagens de Programação, Estruturas de Dados I, Estruturas de Dados II, Engenharia de Software I, Engenharia de Software II, Informática e Sociedade, Análise e Projeto de Sistemas, TCC I, TCC II, Estágio Supervisionado, Empreendedorismo em Informática, Tópicos em Engenharia de Software, Tópicos Especiais em Engenharia de Software I, Algoritmos, Programação I, Técnicas de Programação, Metodologia Científica, Metodologia do Trabalho Científico em Computação, Metodologia e Técnicas de Preparação de Trabalhos Científicos, Programação III, Tópicos em Computação, Tópicos em Sistemas de

Informação, Teoria de Sistemas aplicada à Informática, Gerência de Projetos de Software, Educação Ambiental, Interação Humano-computador, Administração Aplicada à Informática, Administração da Informática, Organização e Métodos para Análise de Sistemas, Didática Geral, Metodologia Específica para o Ensino de Física, Estrutura e Funcionamento da Educação Básica, Prática Docente para o Ensino de Ciências: os PCNs[1] para o Ensino Fundamental e o Planejamento Educacional.

Formulei o projeto e coordenei o Curso de Especialização em Análise de Sistemas desde 1996 até 2010, quinze turmas anuais oferecidas, tendo ministrado as seguintes disciplinas nesse curso: "Tópicos de Engenharia de Software", "Tópicos Especiais em Análise de Sistemas" e "Análise e Projeto de Sistemas".

Como relatado, meu primeiro cargo na UFPA foi programador de computador (admissão em 20/6/1976), depois analista de sistemas dois anos depois. Em 1978, passei a acumular a atividade de analista de sistemas (contrato de 40 horas) com a de Professor Colaborador (contrato de 20 horas). Em 1997, encerrei minhas atividades de analista de sistemas (optando por PDV – Plano de Demissão Voluntária), passando a Professor Adjunto com dedicação exclusiva. Ocupei o cargo de Coordenador do Curso de Bacharelado em Ciência da Computação de 1994 a 1996 e o de Chefe do Departamento de Informática de 1996 a 1997.

De 2003 a 2004 coordenei o Projeto de Extensão (PROINT) "Empreendedorismo em Informática: Estruturação e Consolidação da Empresa Júnior de Informática (EJI) dos Cursos de Bacharelado em Sistemas de Informação (CBSI) e Ciência da Computação (CBCC)". De 2004 a 2006 coordenei o projeto de pesquisa intitulado "Inteligência Computacional Aplicada à Gestão de Conhecimento em organizações – Estudos e Recomendações". De 2006 a 2008, coordenei o projeto de pesquisa "Inteligência Computacional e

---

[1] PCNs – Parâmetros Curriculares Nacionais.

Engenharia de Software Aplicadas à Gestão de Conhecimento em Organizações – Estudos e Recomendações". De 2009 a 2011, participei como colaborador do projeto de pesquisa "Construção de soluções de suporte ao processo de tomada de decisão em ambientes multidisciplinares e de incerteza, utilizando técnicas da *Soft Computing",* coordenado pelo Prof. Dr. Antônio Morais da Silveira da Faculdade de Computação do ICEN.

Já participei de mais de duas dezenas de bancas examinadoras de concursos públicos e processos seletivos para docentes na UFPA, na UFRA (Universidade Federal Rural da Amazônia), na UNIFAP (Universidade Federal do Amapá), na UNIR (Fundação Universidade Federal de Rondônia), e para elaboração de provas para concursos públicos para profissionais de nível superior e nível médio na área de Computação para a UFPA e para a FADESP (Fundação de Amparo e Desenvolvimento da Pesquisa).

Depois de participar do GEMM/PPGECM (Grupo de Estudos em Modelagem Matemática do Programa de Pós-graduação em Educação em Ciências e Matemáticas), coordenado pelo Prof. Adilson de Oliveira do Espírito Santo, por mais de um ano, numa aproximação com o Instituto de Educação Matemática e Científica (IEMCI) da UFPA, decidi-me por realizar um trabalho de pesquisa na área de Modelagem Matemática. Em especial, procurando explorar tecnologias educacionais no apoio ao processo de ensino e de aprendizagem de Matemática com Modelagem Matemática como estratégia de ensino. Durante este período no GEMM, ministrei palestras, participei de debates e de palestras acerca de dissertações de mestrado e de artigos científicos apresentados por membros do grupo na área de Modelagem Matemática. Este envolvimento culminou com a participação no EPAMM (III Encontro Paraense de Modelagem Matemática) de 2010, evento realizado em Marabá/PA, do qual participei ministrando o minicurso "Modelagem Matemática com Tecnologias de Informação e Comunicação", e participei de debates acerca da utilização de tecnologias no processo de ensino e de aprendizagem. Este evento me possibilitou escrever um texto com o título do curso que hoje se encontra disponível em muitos sítios de material eletrônico na área de Matemática; os *slides* encontram-se postados em www.slideshare.net.

Ao longo de toda a minha vida profissional na área de Computação (como técnico e como docente), vivenciei a questão da modelagem do conhecimento: afinal, um programa de computador, qualquer que seja ele, nada mais é do que uma representação de dada realidade. Esta a razão por que reconheci certa afinidade entre a área de Modelagem Matemática e o trabalho que eu desenvolvia em Engenharia de Software. Consequentemente, esta afinidade se estende às atividades docentes das duas áreas, no que respeita a obstáculos e a potencialidades proporcionadas.

No fim de 2010, submeti-me ao processo seletivo para o doutorado em Educação Matemática no Programa de Pós-graduação em Educação em Ciências e Matemáticas (PPGECM), tendo sido aprovado em primeiro lugar; o início do curso foi em março/2011, e a tese intitulada "*Avaliação do Uso de Tecnologias Digitais no Apoio ao Processo de Modelagem Matemática*" foi aprovada em 17/10/2014.

O doutorado em Educação Matemática me possibilitou aproximação com a pedagogia, com a didática, com a epistemologia, com a metodologia científica; como meu mestrado foi em Informática, além das disciplinas do doutorado, cursei também as disciplinas do Mestrado em Educação Matemática. Eu trouxe para este estudo conhecimentos e experiências da área tecnológica (em particular, da atuação por décadas como analista de sistemas e como professor de engenharia de software), de administração, de gestão de projetos, de empreendedorismo.

Ter cursado estas disciplinas no doutorado me encorajou a aceitar ministrar disciplinas como "Didática Geral" e "Estrutura e Funcionamento da Educação Básica" em cursos de licenciatura.

Antes eu já ministrava disciplinas de "Metodologia Científica" em cursos de graduação e pós-graduação lato sensu em computação. Daí para o encorajamento de escrever o presente livro foi só mais um passo. Ainda mais que eu entendo que escrever é expor-se, escrever é se comprometer com ideias, suas e dos outros. Escrever é expor-se à crítica. Medo? Nenhum. Pois a crítica procedente que eu recebo de meus livros possibilita melhorá-los. E a outra crítica, a que não procede? Ignoro-as.

Uma obra que li para preparar meu material didático da disciplina *"Didática Geral"* foi a de igual título de Claudino Piletti, 23ª ed. São Paulo: Ática, 2000 (Série Educação). Pelo número de vezes que a citei nos livros anteriores e o referencio neste, é perceptível que a tomei como base para o meu trabalho, o que destaca a importância que lhe atribuo e a razão por que a recomendo tão fortemente a quem precisa de um livro de didática.

A escrita de *"Elementos de Didática da Computação"* representou uma síntese de meu trabalho como professor. As ideias expostas lá e as que eu mantenho aqui neste *"Elementos de Didática da Psicologia"* são submetidas à avaliação do leitor, do futuro professor ou de quem já atua na docência na área de Psicologia: eu exponho as estratégias que venho utilizando, os convencimentos que se foram firmando a partir da reflexão, da prática e do estudo, as coisas que me foram impostas pela experiência, e que, de certa forma, forjaram a maneira como trabalho hoje, isto é, como organizo o trabalho, como interajo com os alunos, como faço as avaliações, os métodos de ensino que adoto. Um dos pontos fundamentais é buscar maior interação com os alunos. Pela maior interação, buscar motivá-los para as atividades da disciplina. Outro ponto é, para qualquer disciplina, trabalhar com planejamento rigoroso e desenvolver material didático próprio: ou um dos meus livros, ou um texto especialmente preparado para a ocasião.

O material a que me refiro (disponibilizado no formato pdf na primeira aula) contém todo o plano de trabalho: as estratégias de ensino que serão utilizadas, a sistemática de avaliação que será adotada, o conteúdo completo dos tópicos da ementa da disciplina, com exercícios, projetos, provas. No Capítulo 4 descrevo com mais detalhes a abordagem de ensino e aprendizagem que adoto.

Aliás, um aspecto relevante por trás da sistemática descrita acima é o planejamento da ação docente. A improvisação só é válida como último recurso: quando algum imprevisto ocorreu, impedindo o que estava planejado de ter sua execução. Por exemplo, o professor contava com dado equipamento para sua aula – a providência para reserva foi feita, mas, por alguma razão, este não está disponível no início da aula. Cancela-se a aula? Não, o professor recorre ao seu plano substituto, e o executa.

Um ponto enfatizado acima é a interação professor-aluno para facilitar a aprendizagem: isto acontece, não só nas aulas, como por meio de atividades desenvolvidas (projetos, artigos), que são avaliados pelo professor em dois ou três momentos, possibilitando assim diálogo que resulta em aprimoramento do trabalho em construção. Isto exige disponibilidade de tempo do docente a estas tarefas de acompanhamento e de orientação: é o preço pago para possibilitar que haja maior chance de aprendizagem pelos alunos. Todos os exercícios de fixação têm suas respostas discutidas em sala, como também para todas as provas são divulgados os gabaritos para todas as questões, mesmo para as subjetivas, de forma que os estudantes possam confrontar suas respostas com as do professor.

Como antecipado, este livro faz parte de uma série, com públicos específicos (um livro para estudantes e professores de graduação em Computação; outro, para estudantes e professores de graduação em Matemática; outro, para estudantes e professores de graduação em Física; outro, para estudantes e professores de graduação em Ciências Naturais; outro, para estudantes e professores de graduação em Química; outro, para estudantes e professores de cursos de Engenharia; outro, para estudantes e professores de cursos de Arquitetura e Urbanismo; outro, para estudantes e professores de cursos de Direito; outro, para estudantes e professores de cursos de Administração; outro, para estudantes e professores de cursos de Ciências Contábeis; este, para estudantes e professores de cursos de Psicologia).

A ênfase deste livro é em tópicos que, às vezes, são relevados pelo professor iniciante, mas são fundamentais para a aprendizagem dos alunos. E é isto o que importa no ofício docente: a preocupação que o estudante aprenda. Aliás, isto é título de um livro do professor Pedro Demo, que aprecio muito – "Ser Professor é cuidar que o aluno aprenda". Se ele não aprende, fizemos mal nosso trabalho.

Um dos tópicos relevantes para a aprendizagem do aluno é o planejamento da atividade docente. Outra questão importante é como despertar o interesse do aluno; é sabido que ninguém aprende nada se não estiver motivado para isso. Uma forma de conseguir motivar o estudante é mostrar a relevância do assunto a ser ensinado. O aluno precisa saber a razão de ter que aprender cada tópico objeto de aula; os encadeamentos de assuntos precisam ser apresentados para que ele perceba de onde parte e qual é o alvo final. Outro ponto importante para a aprendizagem do aluno é a aplicação da avaliação formativa – avaliação realizada durante o processo de ensino, garantidora da assimilação por parte dos alunos (o tópico é abordado no Capítulo 6). Não se confirmando a aprendizagem, há a reformulação da atividade de ensino até que o estudante domine o assunto tratado.

Antes da existência da escrita, o ensino era não linear (Lévy, 1993). Com o texto disponível, a linearidade foi garantida. Como é disponibilizado pdf do material didático (segundo a proposta de trabalho exposta neste livro), o estudante pode estudar neste material antecipadamente, no seu próprio ritmo, os conteúdos que vão ser abordados em sala, e tem a possibilidade de participar em nível mais profundo da aula (Khan, 2013). A disponibilidade do texto possibilita também a padronização educacional. Com os recursos que dispomos hoje – recursos digitais, internet, vídeos, áudios – o estudante pode construir sua própria aprendizagem no tempo que julgar mais conveniente, repassando quantas vezes quiser determinada aula.

Na Seção 5.10.1 (adiante), conto uma situação que vivenciei: conversando com estudantes de computação de uma turma oferecida em campus fora de Belém, perguntei o que lhes tinha marcado até aquele momento no curso. Eles disseram que tinha sido a forma como o professor de uma disciplina de Administração conduziu seu trabalho. Saindo do convencional, esse professor pediu que os alunos escrevessem e encenassem uma peça cobrindo parte específica do conteúdo. Anos depois, eles apontavam como marcante a oportunidade de escapar do tradicional: como dramaturgos (por escreverem os esquetes com os conceitos de Administração) e como atores (por representarem as cenas concebidas). O exemplo é caso em que o professor saiu do comportamento convencional, mas, no fim, teve seu esforço recompensado pela avaliação positiva dos estudantes pelo que aprenderam na disciplina.

Desta forma, para preparar a apresentação de dado tópico da ementa da disciplina, em vez de utilizar slides (que é uma forma convencional), por que não o abordar por meio de exposição fotográfica realizada pelos estudantes, com fotos que eles mesmos fizessem? Ou então por meio de exibição de filmetes elaborados por eles, com recurso disponível nos celulares, com o qual exercitariam todas as etapas de concepção, execução e avaliação de um artefato criativo? Estes são exemplos que possibilitam, a um só tempo, despertar a motivação dos estudantes, como também fazer com que haja aprendizagem de conhecimento que eles podem levar para a vida.

Aprendemos com a troca de experiências com colegas de profissão que vivenciem as mesmas dificuldades, as mesmas situações. Este livro foi escrito mais com o propósito de trazer elementos para avaliação do professor. Depois desta apreciação, ele pode incorporar alguma estratégia, mesmo com ajustes, à sua abordagem pessoal. Como sempre há o que aprimorar em qualquer atividade profissional (mesmo quando o ápice já foi alcançado), este livro busca trazer sugestões que ajudem a refinar seu desempenho. Um ponto nesta direção é a atenção aos detalhes, como se pode aprender em uma das estratégias descritas por Doug Lemov (Capítulo 10).

É preciso ter presente que, como o ofício do professor envolve pessoas, este esforço é indistinto a cada vez que é realizado. Cada aluno é um ser diferente de qualquer outro; cada um carrega características e experiências pessoais, e, em medidas diferentes, habilidades, potencialidades, dificuldades. Em consequência disso, cada um aprende em um ritmo diferente (Khan, 2013). Só estes fatos já seriam suficientes para dar a dimensão da complexidade do trabalho envolvido.

É certo que, cada vez que repete uma aula a respeito de um assunto, o professor pode refiná-la, ajustando aqui e ali. Se as observações que tiver feito (alguma correção necessária, por exemplo) puderem ser aplicadas ainda para a turma com que está trabalhando, a chance de melhorar os resultados seria maior.

Atenção contínua do professor é exigida no planejamento e na realização da aula. O fato de uma abordagem ter dado certo para uma turma não significa que dará para outra. As condições precisariam ser exatamente as mesmas, o que é difícil de acontecer. Ainda que a turma fosse composta dos mesmos alunos, não se poderia garantir que funcionaria da mesma forma. Por quê? Ora, a Filosofia nos assegura que o tempo transcorrido faz com que dado aluno da primeira experiência não seja mais o mesmo: durante este tempo, ele adquiriu experiências, vivências, conhecimentos, que o levam a tornar-se uma pessoa algo diferente do que era. Essa é a razão por que o professor precisa reunir a maior quantidade possível de informações para o planejamento (informações a respeito dos estudantes e da disciplina a ser ministrada, objetivos a serem alcançados, recursos disponíveis) e durante a realização da aula ficar atento para fazer ajustes (se necessário).

O docente preparado tem consciência das dificuldades inerentes ao seu ofício. Ele sabe que, aliando o domínio completo do conteúdo que vai ensinar com os recursos necessários de infraestrutura oferecidos pela administração e com a aplicação de técnicas e métodos que a didática oferece, é possível alcançar o objetivo de seu trabalho: a aprendizagem pelos estudantes dos conteúdos ministrados. O período de convivência entre professor e estudantes pode tornar-se agradável, estimulante e profícuo para todos. Para o professor, isto pode dar-se pela satisfação que o alcance dos objetivos propostos do seu trabalho oferece e também pela própria convivência em si com os estudantes; para eles isto pode dar-se por meio da aquisição ou do aprimoramento de habilidades e competências e pelo reconhecimento de que efetivamente aprenderam o que foi ensinado.

Por fim, depois desta longa apresentação, gostaria de agradecer aos colegas professores com quem convivi nestes anos na UFPA. Não poderia deixar de citar Antônio Morais da Silveira, Arnaldo Correa Prado Júnior, Luiz Paulo Leal da Gama Malcher (*in memoriam*), Inácio Khoury Gabriel Neto (*in memoriam*), Mara Lúcia Cerqueira da Silva, Adilson Oliveira do Espírito Santo, Renato Borges Guerra. Mais recentemente Carla Alessandra Lima Reis, Rodrigo Quites Reis, Raimundo Viégas Júnior, Elói Luiz Favero, Francisco Edson Lopes da Rocha, Benedito de Jesus Pinheiro Ferreira e Manoel Januário da Silva Neto.

Não poderia deixar de registrar agradecimentos, claro, aos milhares de estudantes com quem interagi nestas quatro décadas de trabalho docente: pela convivência, pela parceria, pela ajuda, por me permitirem aprender mais (seja pelas cobranças, seja pelas perguntas, seja pelo interesse demonstrado nas aulas, que me fizeram ir atrás de mais conhecimento para lhes oferecer).

ORGANIZAÇÃO DO LIVRO

Como se pôde ver no sumário, depois da *Apresentação* e da *Introdução*, esta obra traz três partes, listadas e comentadas adiante.

A menção aos elementos da Didática da Psicologia perpassa todo o livro, a partir da *Apresentação*, até a última página do corpo do livro, com a conclusão (que nomeei *A Título de Conclusão*). Na *Introdução* são identificadas as habilidades e as competências principais exigidas do psicólogo e que, portanto, as disciplinas do curso respectivo têm como objetivo desenvolver. Em particular, o Capítulo 7 (Métodos e Técnicas de Ensino) enfatiza a descrição de abordagens que o professor da área de Psicologia pode lançar mão no ensino dos conteúdos de suas disciplinas, e que podem contribuir para o desenvolvimento ou o aprimoramento das habilidades e competências referidas. A conclusão aponta para o futuro, com a menção a tópicos que provavelmente estarão entre os abordados nos cursos de Psicologia nos próximos anos, a valer as projeções que se consegue fazer do estágio atual da área.

No fim de cada Capítulo, há um ou mais textos curtos para reflexão. São casos ou situações relatadas que ensejam que o leitor reflita a respeito do que é posto, ou que permitem que ele extraia uma conclusão, ampliando a possibilidade de aprendizagem.

Parte I – Definição de Didática: contém definições de termos ou expressões relacionadas à Didática (Capítulo 1); o Capítulo 2 contém breve histórico a respeito da evolução da Didática;

Parte II – Elementos da Didática: contém a identificação dos elementos necessários ao trabalho do professor do ponto de vista do que a Didática preceitua como tecnicamente com mais chance de garantir aprendizagem; esta parte é constituída de seis capítulos (vai do Capítulo 3 ao Capítulo 9); portanto, é o núcleo deste livro.

O Capítulo 3 contém a descrição do ciclo do trabalho docente, à luz do que dizem as práticas de gestão reconhecidas pela Administração.

O Capítulo 4 traz os contextos definidores da Educação atual; na Seção 4.3 são apresentadas as abordagens de ensino e de aprendizagem de Cipriano Luckesi (2011) e de Pedro Demo (2008); a Seção 4.4 traz a abordagem de ensino e de aprendizagem que tenho utilizado nas disciplinas que ministro.

O Capítulo 5 contempla o planejamento de ensino com abordagem sistêmica, desde o nível institucional, passando pelo nível gerencial, até o nível operacional, chegando ao estágio que cabe ao professor – planejamento de curso, planejamento de unidade, planejamento de aula. Há alguma dúvida de que, para uma instituição de ensino realizar sua missão e aproximar-se da concretização de sua visão de futuro, é necessário comprometimento de todos os profissionais que atuam em todas as instâncias organizacionais? Há alguma dúvida a respeito da inutilidade da missão e da visão de futuro que ficam afixadas na parede e registradas no plano estratégico institucional, sem que alguém cuide cotidianamente para que elas se tornem realidade, por meio de acompanhamento e controle das instâncias inferiores? Apenas formular a missão e a visão de futuro é suficiente para realizar uma e outra?

A seguir, as duas últimas perguntas da série:

– É racional esperar que ocorram melhorias institucionais deixando que cada profissional faça o seu trabalho do jeito que lhe aprouver, sem articulação e coordenação dos trabalhos e sem compromisso com o alcance de metas e resultados predeterminados?

– É razoável que o professor trabalhe isoladamente, sem que alguém o ouça a respeito de demandas, e sem que alguém analise seus resultados?

A resposta é não para as cinco perguntas enfileiradas acima. É necessário fazer planejamento estratégico, e dar consequência a ele por meio de acompanhamento e controle nas várias instâncias organizacionais, até chegar ao professor. Este é o assunto abordado no Capítulo 5.

O Capítulo 6 descreve as técnicas de avaliação de aprendizagem, enfocando as avaliações em pequena escala (estas são as que cabem ao professor) e as avaliações em grande escala, em cuja realização a atuação do professor é passiva (mas com as quais o professor não pode deixar de se envolver porque, afinal, o seu trabalho é avaliado por intermédio dos resultados dos exames a que se submetem os estudantes com o Enade – Exame Nacional de Desempenho dos cursos de graduação).

O Capítulo 7 contém a descrição de métodos ou técnicas de ensino aplicáveis ao ensino superior – são apresentadas dezoito abordagens, algumas originalmente propostas para outras áreas, mas que podem ser aplicadas no campo da Psicologia. São abordados métodos ou técnicas tradicionais (em que o estudante tem papel passivo) e também aqueles que concedem maior participação ao estudante no processo de aprendizagem (os chamados métodos ativos).

São descritas as seguintes abordagens: Aula Expositiva, Aula de Demonstração de Software, Aula Prática em Laboratório de Informática, Aula Prática em Laboratório de Psicologia, Técnica de Perguntas e Respostas, Trabalho em Grupo, Método de Resolução de Problemas, Método de Projetos, Método de Estudo de Casos,

Método de Estágio em Empresa, Estudo Dirigido, Fichas Didáticas, Instrução Programada, Sala de Aula Invertida, Exposição Rápida, Gamificação, História da Psicologia e Abordagem Dojô.

Na descrição da Aula de Demonstração de Software, os seguintes tópicos são abordados: Bibliotecas virtuais, Bases de imagens e de mapas, Bases de vídeos, Simuladores, Software matemático, Blogs, Redes Sociais Acadêmicas, Plataformas Educacionais, Banco Internacional de Objetos Educacionais.

Para cada abordagem descrita, as seguintes informações são apresentadas: origem da técnica ou método de ensino, quem a propôs, e comentários acerca de como pode ser empregada na área de Psicologia.

No fim do Capítulo, encontram-se três quadros (Quadro 6, Quadro 7 e Quadro 8), que listam métodos ou técnicas de ensino com as respectivas habilidades e competências que potencialmente podem desenvolver.

O Capítulo 8 aborda a utilização (inevitável) de tecnologias na Educação, destacando também uma análise dos argumentos de quem apresenta restrições ao uso. O capítulo é finalizado com menção aos condicionantes de sucesso da utilização de tecnologias digitais na Educação.

O Capítulo 9 trata de aprendizagem. Apresenta uma classificação das teorias da aprendizagem; descreve os tipos de aprendizagem; explica como é a aprendizagem de tipos de conteúdo diferentes; descreve técnicas para fixação da aprendizagem; por fim, aborda a motivação para aprender.

Parte III – Experiências Didáticas: contém experiências didáticas de três grandes professores (Capítulos de 10 a 12), com ensinamentos úteis para os docentes. Parte significativa do que é apresentado nestes três capítulos, apesar de não ter sido concebida especificamente para a área de Psicologia, pode ser incorporada pelos professores da área, e em razão disso foram incluídas no livro.

O Capítulo 10 contém descrição de estratégias propostas por Doug Lemov originalmente para o ensino fundamental e o ensino médio; são listadas somente as cabíveis de uso no ensino superior.

O Capítulo 11 apresenta o trabalho de Salman Khan, disponível em sua plataforma de apoio ao ensino em diversas áreas do conhecimento (Engenharia, Matemática, Física, Química, Ciências, dentre outras), indo do ensino fundamental ao ensino superior.

O Capítulo 12 descreve a experiência de outro grande professor – no caso, Pierluigi Piazzi, com sua abordagem para estímulo da inteligência e melhoria de rendimento na aprendizagem.

O livro é finalizado com *A Título de Conclusão*, que indica que o professor fique atento aos assuntos que se encontram na fronteira do conhecimento em Psicologia ou que constituem problemas por resolver. Por quê? Isto reforça direcionamento de que o docente não pode omitir-se: estar permanentemente atualizado na sua área de atuação, não só no que respeita a novos métodos de ensino, a novas ferramentas de apoio ao ensino, como também aos novos conteúdos que precisarão ser ensinados.

Bom proveito! Auguro que haja algum!

Belém/PA, 19/01/2019.

Alfredo Braga Furtado

INTRODUÇÃO

> *"Para ensinar Matemática, não basta conhecer Matemática".*
> Bruno D´Amore
>
> Parodiando D´Amore: *"Para ensinar uma disciplina de curso de Psicologia não basta conhecer esta disciplina".*

Cada área de conhecimento tem suas peculiaridades, suas exigências particulares em termos de habilidades e competências que o profissional atuante precisa apresentar para ter bom desempenho em sua função. O trabalho do profissional da área de Psicologia é caracterizado a seguir; habilidades e competências mais importantes que precisam ser desenvolvidas são descritas abaixo.

A expectativa é que a Didática – por meio de seus elementos constitutivos e de seus métodos de ensino – garanta que estas habilidades e competências sejam adquiridas ou aprimoradas pelos estudantes dos cursos de Psicologia que desejarem ser professores, ou que os docentes da área aperfeiçoem sua sistemática de trabalho.

Em vez de indicar um método ou técnica de ensino para cada uma das habilidades ou competências que precisam ser desenvolvidas, um caminho possível é escolher um dos processos de ensino e de aprendizagem descritos no Capítulo 4 (Seções 4.3 e 4.4): com base no que é exposto, selecionar os métodos que possibilitem concretizá-las adequadamente. Com isto, já estará garantida boa parte do trabalho com as habilidades ou as competências desejadas. Os processos descritos podem ser enriquecidos com a contribuição do docente em face da habilidade ou competência específica que deseja desenvolver ou fortalecer.

É preciso destacar que as coordenações de curso e os professores devem comprometer-se, cada um em sua área de atuação, com o desenvolvimento das habilidades e das competências listadas no projeto pedagógico do curso.

À coordenação de curso cabe acompanhar e controlar o alcance dos objetivos estabelecidos para cada atividade curricular desenvolvida; isto é feito para que a coordenação de curso consiga entregar os resultados esperados no plano estratégico do instituto que, por sua vez, repassa os resultados para o nível institucional.

Cabe a cada professor desenvolver seu trabalho de forma que os objetivos específicos de sua disciplina sejam alcançados, e que habilidades e competências indicadas no programa respectivo sejam desenvolvidas ou aprimoradas. Em particular, como ele faz isto? Escolhendo as práticas didáticas mais adequadas para cada conteúdo que precisa ser ministrado, de forma que haja aprendizagem efetiva por parte dos alunos, e que as habilidades e as competências associadas sejam fortalecidas.

A escolha das práticas didáticas apropriadas ao desenvolvimento ou ao aprimoramento de habilidades e competências é assunto do Capítulo 7.

Sem comprometimento de todas as instâncias organizacionais da forma descrita acima, o planejamento estratégico perde seu valor. Seria mera atividade consumidora de tempo e de recursos institucionais, sem consequência alguma.

A abordagem sugerida neste livro para realização dos objetivos das disciplinas dos cursos e para desenvolvimento de habilidades e competências requeridas no projeto pedagógico respectivo e nas diretrizes curriculares (quando as há) obedece à orientação sistêmica, portanto, não é tarefa isolada. O alcance de objetivos e o desenvolvimento de habilidades e competências se inserem no plano estratégico do curso que, por sua vez, se insere no plano do instituto, até chegar ao plano de desenvolvimento institucional. Os planos dos escalões inferiores levam em conta as diretrizes estabelecidas no escalão superior imediato.

Quando o plano estratégico da Instituição é finalizado, ele é levado em conta na elaboração dos planos dos institutos; por sua vez, os planos dos institutos reúnem os planos dos cursos, vai descendo no organograma, até chegar ao professor, com os seus planos de aulas.

Como é mostrado no Capítulo 5 – Planejamento de Ensino –, tudo começa com o Plano de Desenvolvimento Institucional, tendo como base a missão e a visão de futuro da Instituição, vem descendo nível a nível organizacional, até chegar à coordenação de curso e, por fim, ao professor. Na medida em que cada professor dá conta do que lhe cabe no âmbito da sua atuação, este resultado repercute no nível acima (no curso respectivo), até chegar ao escalão institucional, para aferição do alcance da missão e da aproximação que se conseguiu da visão de futuro organizacional em dado período de tempo.

DIRETRIZES CURRICULARES – PSICOLOGIA

Nesta Seção, será analisada a Resolução N° 5 do CNE/CES[2] de 15/03/2011[3], que instituiu as Diretrizes Curriculares Nacionais para os cursos de graduação em Psicologia, estabelecendo normas para o projeto pedagógico complementar para a Formação de Professores de Psicologia; as Instituições de Ensino Superior (IES) do país têm que observar as Diretrizes Curriculares na elaboração do projeto pedagógico de seus cursos da área.

---

[2] CNE/CES – Conselho Nacional de Educação; Câmara de Educação Superior.
[3] Resolução N° 5/2011, publicada no Diário Oficial da União, 16/03/2011; Seção 1, p. 19.

O que aparecer aspado a partir deste ponto desta Introdução foi extraído da Resolução Nº 5 do CNE/CES, de 15/03/2011, que instituiu as Diretrizes Curriculares citadas.

De acordo com o Art. 3º, os cursos de graduação em Psicologia têm como meta a formação do psicólogo visando três vertentes: a) atuação profissional, b) pesquisa na área e c) ensino de Psicologia. Esta formação baseia-se nos seguintes princípios e compromissos:

1) A busca de construir e desenvolver o conhecimento científico na área;

2) A "compreensão dos múltiplos referenciais que buscam apreender a amplitude do fenômeno psicológico em suas interfaces com os fenômenos biológicos e sociais";

3) A necessidade de reconhecer a diversidade de perspectivas para compreender o ser humano e de incentivar a interação com campos de conhecimento que possibilitem abarcar a complexidade e a multideterminação do fenômeno psicológico;

4) A "compreensão crítica dos fenômenos sociais, econômicos, culturais e políticos do País", necessários ao pleno exercício da cidadania e da profissão;

5) A "atuação em diferentes contextos", com atenção nas necessidades sociais e nos direitos humanos, para promover a qualidade de vida de "indivíduos, grupos, organizações e comunidades";

6) O compromisso com a ética, seja nas relações com clientes e usuários, com colegas, com o público, seja na produção e na divulgação de pesquisas, trabalhos e informações relacionadas à Psicologia;

7) A busca contínua de aprimoramento e capacitação.

Quanto a competências e habilidades (consoante o Art. 4º), o curso de graduação em Psicologia deve possibilitar a formação profissional que contemple as seis seguintes:

1) *Atenção à saúde*: o profissional deve "desenvolver ações de prevenção, promoção e reabilitação de saúde psicológica e psicossocial", individual e coletivamente, assim como realizar seus serviços com alto padrão de qualidade e com respeito aos princípios da ética/bioética;

2) *Tomada de decisões*: o trabalho do profissional deve fundamentar-se "na capacidade de avaliar, sistematizar e decidir as condutas mais adequadas, baseadas em evidências científicas";

3) *Comunicação*: o profissional deve ser acessível e deve manter princípios éticos no uso de informações que lhe são confiadas, na interação com outros profissionais de saúde e com o público em geral;

4) *Liderança*: em equipe multiprofissional de que faça parte, o profissional deve estar apto a assumir papel de líder, sempre tendo em vista o bem-estar da comunidade;

5) *Administração e gerenciamento*: o profissional deve ter capacidade de iniciativa, de fazer gestão da força de trabalho, de recursos físicos e materiais e de informação; da mesma forma, deve ter capacidade de empreender, de gerenciar ou liderar equipes de trabalho;

6) *Educação permanente*: o profissional deve buscar "aprender continuamente, tanto na sua formação, quanto na sua prática", e deve responsabilizar-se com sua educação e com o treinamento das futuras gerações de profissionais, "estimulando e desenvolvendo a mobilidade acadêmica e profissional, a formação e a cooperação por meio de redes nacionais e internacionais".

Com relação à organização curricular dos cursos de graduação em Psicologia, as Diretrizes Curriculares estabelecem (no Art. 5º) que conhecimentos, habilidades e competências se articulem em torno de seis eixos estruturantes, a seguir identificados:

1) *Fundamentos epistemológicos e históricos*: oferecem "ao formando o conhecimento das bases epistemológicas presentes na construção do saber psicológico, desenvolvendo a capacidade para avaliar criticamente as linhas de pensamento em Psicologia";

2) *Fundamentos teórico-metodológicos*: garantem "a apropriação crítica do conhecimento disponível, assegurando uma visão abrangente dos diferentes métodos e estratégias de produção do conhecimento científico em Psicologia";

3) *Procedimentos para a investigação científica e a prática profissional*: este eixo garante "tanto o domínio de instrumentos e estratégias de avaliação e de intervenção quanto a competência para selecioná-los, avaliá-los e adequá-los a problemas e contextos específicos de investigação e ação profissional";

4) *Fenômenos e processos psicológicos*: este eixo descreve o objeto clássico de investigação e atuação no domínio da Psicologia, propiciando amplo conhecimento de suas características, questões conceituais e modelos explicativos construídos no campo, assim como seu desenvolvimento recente";

5) *Interfaces com campos afins do conhecimento*: o objetivo deste eixo é "demarcar a natureza e a especificidade do fenômeno psicológico e percebê-lo em sua interação com fenômenos biológicos, humanos e sociais", para assegurar "compreensão integral e contextualizada dos fenômenos e processos psicológicos";

6) *Práticas profissionais*: este eixo busca garantir "um núcleo básico de competências que permitam a atuação profissional e a inserção do graduado em diferentes contextos institucionais e sociais, de forma articulada com profissionais de áreas afins".

O curso de graduação em Psicologia oferecido no País dispõe de um núcleo comum de formação, que capacita para lidar com os conteúdos da Psicologia, por meio de um conjunto de competências e habilidades e de conhecimentos (conforme o Art. 6º e o 7º).

As competências citadas (consoante o Art. 8º) referem-se a desempenhos e a atuações do psicólogo, que lhe garantem "domínio básico de conhecimentos psicológicos" e "capacidade de utilizá-los em diferentes contextos que demandam investigação, análise, avaliação, prevenção e atuação em processos psicológicos e psicossociais e na promoção da qualidade de vida". As competências são as quinze abaixo:

1) Capacidade de "analisar o campo de atuação profissional e seus desafios contemporâneos";

2) Capacidade de explicitar a dinâmica das interações entre os agentes sociais envolvidos nas dimensões institucional e organizacional da sua atuação profissional;

3) Capacidade de fazer a identificação, a análise das necessidades de natureza psicológica e o diagnóstico respectivo com base nos referenciais teóricos e nas características da população-alvo; capacidade de fazer a gestão de projetos;

4) Capacidade de formular questões de investigação, associando-as a procedimentos metodológicos que determinem a escolha, a coleta e a análise de dados em projetos de pesquisa na área da Psicologia;

5) Capacidade de selecionar e utilizar instrumentos e procedimentos de coleta de dados apropriados à área da Psicologia;

6) Capacidade de fazer, em diferentes contextos, a avaliação de fenômenos humanos de ordem cognitiva, comportamental e afetiva;

7) Capacidade de diagnosticar e avaliar processos psicológicos de indivíduos, de grupos e de organizações;

8) Capacidade de fazer a coordenação e o manejo de processos grupais, respeitando as diferenças individuais e socioculturais dos seus membros;

9) Capacidade de atuar em equipes interdisciplinares e multidisciplinares, quando a compreensão de processos e fenômenos assim recomendar;

10) Capacidade de relacionar-se para estabelecer vínculos interpessoais exigidos na atuação profissional;

11) Capacidade de atuar, preventiva e terapeuticamente, dependendo das características e dos problemas específicos com que se depara;

12) Capacidade de fazer "orientação, aconselhamento psicológico e psicoterapia";

13) Capacidade de comunicação escrita que possibilite a elaboração de "relatos científicos, pareceres técnicos, laudos e outras comunicações profissionais, inclusive materiais de divulgação";

14) Capacidade de comunicação oral que possibilite a apresentação de trabalhos e a discussão de ideias em público;

15) Capacidade de buscar e usar conhecimento científico exigido em sua atuação profissional, assim como de produzir conhecimento com base em sua prática.

As quinze competências acima (conforme o Art. 9º) devem apoiar-se nas sete habilidades listadas a seguir:

a) fazer o levantamento de informações bibliográfica em indexadores, periódicos, livros, manuais técnicos e outras fontes especializadas por meio convencional e eletrônico;

b) fazer a leitura e a interpretação de comunicações científicas e de relatórios da área da Psicologia;

c) "utilizar o método experimental, de observação e outros métodos de investigação científica";

d) planejamento e realização de "várias formas de entrevistas com diferentes finalidades e em diferentes contextos";

e) fazer análise, descrição e interpretação de "relações entre contextos e processos psicológicos e comportamentais";

f) fazer descrição, análise e interpretação de "manifestações verbais e não verbais como fontes primárias de acesso a estados subjetivos";

g) fazer a utilização de "recursos da matemática, da estatística e da informática para análise e apresentação de dados e para preparação de atividades profissionais em Psicologia".

Como há diversidade de orientações teórico-metodológicas, práticas e contextos de inserção profissional, a diferenciação dos cursos de graduação em Psicologia é feita com base em ênfases curriculares (conforme o Art. 10º). Estas ênfases delimitam e articulam competências e habilidades que conduzem à concentração de estudos e estágios em algum domínio da Psicologia.

De acordo com o Art. 12 § 1º, o subconjunto de competências que definem o escopo de uma ênfase deve ser suficientemente abrangente para não configurar uma especialização em determinada prática, procedimento ou local de atuação do psicólogo.

Dentre outras, são listadas abaixo seis possíveis ênfases para o curso de graduação em Psicologia (Art. 12 § 1º):

a) *Psicologia e processos de investigação científica*: concentra-se em "conhecimentos, habilidades e competências de pesquisa já definidas no núcleo comum da formação, capacitando o formando para analisar criticamente diferentes estratégias de pesquisa, conceber, conduzir e relatar investigações científicas de distintas naturezas";

b) *Psicologia e processos educativos*: concentra-se "nas competências para diagnosticar necessidades, planejar condições e realizar procedimentos que envolvam o processo de educação" e de ensino e aprendizagem por meio do "desenvolvimento de conhecimentos, habilidades, atitudes e valores de indivíduos e grupos em distintos contextos institucionais em que tais necessidades sejam detectadas";

c) *Psicologia e processos de gestão*: concentra-se em competências para fazer "o diagnóstico, o planejamento e o uso de procedimentos e técnicas específicas voltadas para analisar criticamente e aprimorar os processos de gestão organizacional, em distintas organizações e instituições";

d) *Psicologia e processos de prevenção e promoção da saúde*: reúne "competências que garantam ações de caráter preventivo, em nível individual e coletivo, voltadas à capacitação de indivíduos, grupos, instituições e comunidades para protegerem e promoverem a saúde e a qualidade de vida, em diferentes contextos em que tais ações possam ser demandadas";

e) Psicologia e processos clínicos: reúne "competências para atuar, de forma ética e coerente com referenciais teóricos", utilizando "processos psicodiagnósticos, de aconselhamento", de psicoterapia e de outras estratégias clínicas, em resposta "a questões e demandas de ordem psicológica, apresentadas por indivíduos ou grupos em distintos contextos";

f) *Psicologia e processos de avaliação diagnóstica*: esta ênfase concentra-se "em competências referentes ao uso e ao desenvolvimento de diferentes recursos, estratégias e instrumentos de observação e avaliação úteis para a compreensão diagnóstica em diversos domínios e níveis de ação profissional".

As ênfases devem incluir estágio supervisionado para assegurar que haja o desenvolvimento das competências específicas previstas (Art. 12 § 3º).

Quanto à formação de professores de Psicologia, as Diretrizes Curriculares estabelecem que seja elaborado projeto pedagógico complementar que obedeça a legislação que regulamenta a formação de professores no País (consoante o Art. 13).

De acordo com o Art. 13 § 1º, este projeto pedagógico visa dar um complemento à formação dos psicólogos, juntando "os saberes específicos da área de Psicologia com os conhecimentos didáticos e metodológicos", possibilitando que o profissional atue "na construção de políticas públicas de educação, na educação básica, no nível médio, no curso Normal, em cursos profissionalizantes e em cursos técnicos, na educação continuada, assim como em contextos de educação informal como abrigos, centros socioeducativos, instituições comunitárias e outros". Outro objetivo é formar professores de Psicologia comprometidos com transformações político-sociais, com realização de educação inclusiva, com "valores da solidariedade e da cidadania, capazes de refletir, expressar e construir, de modo crítico e criativo, novos contextos de pensamentos e ação".

A formação de professores de Psicologia deve articular conhecimentos, habilidades e competências em torno de quatro eixos estruturantes (de acordo com o Art. 13 § 1º):

1) *Psicologia, Políticas Públicas e Educacionais*: este eixo destina-se a garantir a compreensão da "complexidade da realidade educacional do País e fortalecer a elaboração de políticas públicas que se articulem com as finalidades da educação inclusiva";

2) *Psicologia e Instituições Educacionais*: concentra-se na "compreensão das dinâmicas e políticas institucionais e para o desenvolvimento de ações coletivas que envolvam os diferentes seto-

res e protagonistas das instituições, em articulação com as demais instâncias sociais, tendo como perspectiva a elaboração de projetos político-pedagógicos autônomos e emancipatórios";

3) *Filosofia, Psicologia e Educação*: este eixo apresenta "o conhecimento das diferentes abordagens teóricas" que definem "o saber educacional e pedagógico e as práticas profissionais", em articulação "com os pressupostos filosóficos e conceitos psicológicos subjacentes";

4) *Disciplinaridade e interdisciplinaridade*: este eixo permite que o formando reconheça o campo da Educação, e identifique as possibilidades de interação com a Psicologia e também com outras áreas do saber, na ótica de educação continuada.

Os conteúdos oferecidos na Formação de Professores de Psicologia são aqueles que (conforme o Art. 13 § 3º):

a) deem destaque e promoção de "visão abrangente do papel social do educador", e reflitam sobre a "prática e a necessidade de aperfeiçoamento contínuo do futuro professor";

b) façam a articulação e a utilização de conhecimentos, competências e habilidades desenvolvidas no curso de Psicologia para ampliar e amadurecer o papel de professor;

c) considerem características de aprendizagem e de desenvolvimento dos alunos, contexto socioeconômico e cultural em que atuarão na organização didática de conteúdos e escolha de estratégias e técnicas a serem utilizadas;

d) promovam o conhecimento da gestão escolar e da legislação de ensino praticada no Brasil, e possibilitem "a análise das questões educacionais relativas à dinâmica institucional e à organização do trabalho docente";

e) "estimulem a reflexão sobre a realidade escolar brasileira" em face das políticas públicas e do contexto socioeconômico.

Os conteúdos que compõem a Formação de Professores de Psicologia (consoante o Art. 13 § 4º) devem "ser adquiridos no decorrer do curso de Psicologia e complementados com estágios que possibilitem a prática de ensino".

A Formação de Professores de Psicologia deve ter carga horária mínima de 800 horas, acrescidas à carga horária do curso de Psicologia, sendo 500 horas de conteúdos específicos da área de Educação e 300 horas de Estágio Curricular Supervisionado (conforme o Art. 13 § 6º).

As atividades que compõem a Formação de Professores de Psicologia (de acordo com o Art. 13 § 7º) devem ser "oferecidas a todos os alunos de graduação de Psicologia, que podem optar ou não por sua realização".

Os alunos que satisfizerem todas as exigências da Formação de Professores de Psicologia terão a licenciatura apostilada em seus diplomas do curso de Psicologia (de acordo com Art. 13 § 8º).

O planejamento acadêmico do curso de graduação em Psicologia deve garantir (de acordo com Art. 19) o envolvimento do aluno (individualmente ou em equipe) em atividades (dentre outras) como:

I) aulas, conferências e palestras; II) exercícios em laboratórios de Psicologia; III) observação e descrição do comportamento em diferentes contextos; IV) projetos de pesquisa desenvolvidos por docentes do curso; V) práticas didáticas na forma de monitorias, demonstrações e exercícios, como parte de disciplinas ou integradas a outras atividades acadêmicas; VI) consultas supervisionadas em bibliotecas para identificação crítica de fontes relevantes; VII) aplicação e avaliação de estratégias, técnicas, recursos e instrumentos psicológicos; VIII) visitas documentadas através (sic) de relatórios a instituições e locais onde estejam sendo desenvolvidos trabalhos com a participação de profissionais de Psicologia; IX) projetos de extensão universitária e eventos de divulgação do conhecimento, passíveis de avaliação e aprovação pela instituição; X) práticas integrativas voltadas para o desenvolvimento de habilidades e competências em situações de complexidade variada, representativas do efetivo exercício profissional, sob a forma de estágio supervisionado.

Os estágios supervisionados buscam garantir (conforme Art. 21) que o formando, ao longo do curso, vivencie situações, contextos e instituições, possibilitando que conhecimentos, habilidades e atitudes se realizem em ações profissionais.

Os estágios supervisionados devem estruturar-se em dois níveis, cada um com sua carga horária própria, perfazendo pelo menos 15% da carga horária total do curso: básico e específico. "O estágio supervisionado básico inclui o desenvolvimento de atividades integrativas das competências e habilidades previstas no núcleo comum" (Art. 22 § 1º, 2º, 3º).

O projeto pedagógico do curso de Psicologia deve incluir (de acordo com o Art. 25) a instalação de Serviço de Psicologia para atender as exigências da formação do psicólogo em relação às competências que precisam ser desenvolvidas pelos alunos e às demandas de serviço psicológico da comunidade onde está inserido.

ENADE PSICOLOGIA 2018

São apresentados a seguir comentários a respeito da Portaria nº 447 do INEP, de 30/05/2018[4], que estabeleceu o regulamento para a avaliação de desempenho dos concluintes do curso de graduação em Psicologia no Enade 2018.

O objetivo do Enade (Art. 1º) é avaliar o desempenho dos estudantes em relação às habilidades e às competências adquiridas em sua formação a partir dos conteúdos previstos nas respectivas Dire-

---

[4] Publicada no Diário Oficial da União de 12/06/2015, Seção 1, p. 18.

trizes Curriculares Nacionais; são avaliados ainda os conhecimentos sobre a realidade brasileira e mundial, assim como a legislação de regulamentação do exercício profissional vigente.

A prova do Enade 2018 (de acordo com o Art. 2º) é constituída de duas partes: componente de formação geral (comum a todas as áreas) e componente específico da área de Psicologia. A duração da prova é de quatro horas.

O componente de formação geral (Art. 3º, parágrafo único) é constituído de 10 questões, sendo duas discursivas e oito de múltipla escolha, envolvendo situações-problema e estudos de caso.

O componente específico da área de Psicologia para a prova do Enade 2018 teve como subsídio as Diretrizes Curriculares Nacionais dos Cursos de Graduação em Psicologia (Resolução CNE/CES nº 5, de 15/03/2011), as normativas posteriores associadas às Diretrizes Curriculares Nacionais e a legislação profissional.

A prova do Enade 2018 (conforme Art. 4º, parágrafo único) foi constituída de 30 questões, sendo 3 discursivas e 27 de múltipla escolha, envolvendo situações-problema e estudos de caso.

No componente específico da área de Psicologia (Art. 5º), a prova do Enade 2018 tomou como referência do perfil profissional do concluinte, as seguintes cinco características: 1) demonstrar comprometimento "com o aprimoramento e a capacitação contínuos, por meio da construção e do desenvolvimento do conhecimento em Psicologia nas dimensões da ciência e da profissão"; 2) ter ciência da necessidade de "compreensão dos fenômenos psicológicos", dados "sua complexidade, sua diversidade e sua multideterminação em interlocução com outros campos de conhecimento"; 3) manter atuação profissional ética e crítica, visando à garantia "dos direitos humanos e do bem-estar dos indivíduos, dos grupos, das organizações e das comunidades"; 4) primar por comportamento "ético e crítico na produção e na divulgação de pesquisas, trabalhos e informações da área da Psicologia"; e 5) ter ciência do comprometimento com a criação de "vínculos interpessoais que propiciem sua atuação ética em equipes multiprofissionais".

Com relação a competências (Art. 6º), a prova do Enade 2018 avaliou, no componente específico da área de Psicologia, se o concluinte, no processo de formação, desenvolveu as seguintes: 1) capacidade de "avaliar, planejar e decidir as condutas profissionais, com base em fundamentos teórico-metodológicos e epistemológicos e considerando as características da população-alvo"; 2) capacidade de "planejar, conduzir e relatar investigações científicas, apoiado em análise crítica das diferentes estratégias de pesquisa; 3) capacidade de fazer a elaboração de "relatos científicos, informes psicológicos (pareceres técnicos, laudos) e outras comunicações profissionais, inclusive materiais de divulgação"; 4) capacidade de fazer diagnóstico, planejamento e intervenção "em processos educativos em diferentes contextos"; 5) capacidade de fazer diagnóstico, planejamento e intervenção "em processos psicossociológicos em diferentes contextos"; 6) capacidade de fazer diagnóstico, planejamento e intervenção "em processos de prevenção e promoção da saúde, em nível individual e coletivo"; 7) capacidade de fazer diagnóstico, planejamento e intervenção "em processos de apoio psicossocial a grupos, segmentos e comunidades em situação de vulnerabilidade individual e social"; 8) capacidade de "realizar psicodiagnóstico, psicoterapia e outras estratégias de intervenção em demandas individuais e coletivas"; 9) capacidade de fazer a coordenação e a mediação de "processos grupais, em diferentes contextos, considerando diferenças individuais e socioculturais"; e 10) capacidade de fazer a avaliação dos resultados e dos impactos das intervenções psicológicas, conduzidas em diferentes contextos.

Consoante Art. 7º, a prova do Enade 2018 da área de Psicologia no componente específico teve como referencial os seguintes conteúdos curriculares: 1) Fundamentos epistemológicos e históricos da Psicologia; 2) Fundamentos, métodos e técnicas de investigação científicas; 3) Processos de avaliação psicológica; 4) Processos psicológicos básicos; 5) Processos psicopatológicos; 6) Processos grupais; 7) Processos clínicos; 8) Processos educativos; 9) Processos de aprendizagem; 10) Bases biológicas do comportamento humano; 11) Intervenções em processos educativos; 12) Intervenções em processos organizacionais e de gestão de pessoas; 13) Intervenções em saúde e bem-estar do trabalhador; 14) Intervenções em atenção e promoção da saúde; 15) Intervenções em processos psicossociais; e 16) Ética no exercício profissional.

OUTRAS HABILIDADES E COMPETÊNCIAS DESEJÁVEIS

As catorze capacidades listadas a seguir não constam explicitamente das diretrizes curriculares dos cursos de graduação em Psicologia, mas algumas podem ser deduzidas do seu texto ou do teor dos Artigos 4º, 5º, 8º e 9º da Resolução CNE/CES nº 5 de 15/03/2011 (Curso de graduação em Psicologia), ou do Art. 6º da Portaria nº 447 INEP (Enade 2018 – área de Psicologia); outras representam características desejáveis a quaisquer profissionais formados hoje; por isso, havendo possibilidade, podem ser consideradas na formação do aluno de Psicologia:

1) *Capacidade de abstração e habilidade de aprendizagem rápida:* a área de atuação do formado em Psicologia é ampla; o graduado em Psicologia pode exercer atividades profissionais em diferentes setores (primeiro, segundo ou terceiro setor), assim como nas áreas de educação, saúde, trabalho, assistência social, esporte, dentre outras; a atuação na área acadêmica exige pós-graduação (mestrado/doutorado). Em quaisquer destas atividades, o psicólogo se envolve com questões de naturezas diferentes que exigem capacidade de abstração – ou seja, concentrar-se em aspectos relevantes e desconsiderar outros (irrelevantes) –, e que podem envolver assuntos ainda não dominados e que exijam capacidade de aprendizagem rápida para possibilitar tratamento adequado.

Com respeito à aprendizagem rápida: isto é ponto para ser exercitado em cada disciplina, por meio de atividades que, por fim, possam enriquecer o conteúdo abordado. Uma forma de desenvolver esta habilidade é a técnica de "exposição rápida" (apresentada no Capítulo 7). A um só tempo, com sua utilização, são exercitadas várias habilidades: capacidade de aprendizagem rápida (o aluno precisa encontrar o assunto, e expô-lo na próxima aula), capacidade de exposição oral e capacidade de síntese (para ater-se ao que há de relevante no objeto da exposição), capacidade de tratamento de complexidade (por meio do emprego da teoria de sistemas) para organizar o conhecimento novo adquirido, e dispô-lo de forma compreensível durante a exposição;

Como citado acima, a agilidade na assimilação é fundamental no estágio de obtenção de informações que antecede a tomada de decisão pelo psicólogo, principalmente quando ele participa de equipe interdisciplinar ou multidisciplinar, a respeito das áreas em estudo, pois há necessidade de utilizar os novos conhecimentos logo; dessa maneira, o profissional de Psicologia é exigido quanto à capacidade de aplicar o que aprendeu imediatamente até conseguir domínio completo da área;

2) *Habilidade de pensamento crítico diante de situações que se apresentem para sua análise*, habilidade de propor soluções criativas de interesse da organização em que o profissional de Psicologia atua, habilidade de conceber pensamento sistêmico para tratamento da complexidade dos problemas que lhe cabem solucionar;

3) *Habilidade nas relações humanas*: a obtenção de informações a respeito de uma questão a ser tratada pelo graduado em Psicologia é feita com a interação com pessoas que as detenham (os próprios interessados ou agentes envolvidos), normalmente por meio de entrevistas; como citado acima, a participação em equipes interdisciplinares ou multidisciplinares exige que o psicólogo interaja

com outros profissionais no desenvolvimento do seu trabalho técnico; daí a importância desta habilidade;

4) *Habilidade na comunicação escrita e oral*: estas habilidades foram citadas acima; elas são exigidas em todas as áreas de conhecimento. A elaboração de pareceres, laudos, relatórios, manuais, correspondências são atividades do cotidiano do psicólogo.

5) *Capacidade de trabalho em grupo*: como destacado acima, o psicólogo participa de grupos interdisciplinares ou multidisciplinares, possivelmente até em posição de liderança, em que seja exigida habilidade de condução de equipes de projetos. Por essa razão, ele precisa desenvolver esta habilidade de relações humanas, seja para interação com profissionais de outras áreas, com pesquisadores ou com estudantes (se vier a atuar como professor);

6) *Capacidade de realização de trabalho cooperativo*: como mencionado no item anterior, a atuação do graduado em Psicologia dificilmente se dará de forma isolada, mas como parte de equipes encarregadas de projetos interdisciplinares e multidisciplinares;

7) *Capacidade de compreender, criticar e utilizar novas ideias e tecnologias* que sejam propostas para a resolução de problemas: aqui há exigência de desenvolver habilidade de aprendizagem rápida (citada acima) que possibilite compreender novas ideias e tecnologias, avaliá-las, tendo em vista possível utilização na área da Psicologia; o conhecimento adquirido possivelmente também precisa ser disseminado;

8) *Capacidade de aprendizagem continuada,* que represente assimilação constante de novos conhecimentos pelo psicólogo e possibilite criação e reconstrução de conhecimentos, como também ter ciência de questões contemporâneas da área da Psicologia ou, ainda, possa vir a cursar pós-graduação (mestrado/doutorado);

9) *Habilidade de pensamento sistêmico*, de modo a garantir que haja percepção global de impactos das soluções adotadas para os problemas tratados; os aspectos psicológicos, sociais, políticos, culturais, ambientais, tecnológicos envolvidos também devem ser considerados;

10) *Capacidade de fazer a gestão de projetos*: dependendo do porte dos projetos de que venha participar, o graduado em Psicologia pode precisar responsabilizar-se por subprojetos relacionados à sua área de atuação, para fazer as funções de gerência; há exigência de capacidade de adotar boas práticas gerenciais, que envolvam (dentre outras) planejamento, condução de experimentos (com utilização de elementos básicos da instrumentação científica e avaliação de resultados), gestão de riscos, medição, gestão de qualidade, gestão de comunicação de resultados de projetos com representação e interpretação de grandezas em gráficos, diagramas e esquemas, gestão de recursos humanos, gestão de tempo;

11) *Capacidade de comunicação em língua inglesa*: é comum a utilização de fonte disponível em língua inglesa; da mesma forma pode-se utilizar tecnologia cuja documentação se encontra nessa língua. Não só na pós-graduação, mas também na graduação, a submissão de artigos para eventos e para periódicos internacionais na área da Psicologia é na língua inglesa (é a língua franca). É inevitável a necessidade de leitura de livros e relatórios técnicos publicados em língua inglesa, o que exige proficiência no idioma neste quesito (é desejável também a fluência oral para ter chances de participação em eventos);

12) *Resiliência a pressões de prazo e aos desafios* decorrentes de exigência da assimilação rápida de assunto com o qual o graduado em Psicologia não tem familiaridade;

13) *Perseverança*: esta característica é ligada à anterior. Em conjunto com as demais, o profissional de Psicologia dispõe de todos os instrumentos necessários à sua atuação;

14) *Ciência de que há valores a serem preservados durante a atuação profissional*: respeito à ética, respeito à diversidade étnica, cultural, biológica, de gênero e de orientação sexual, respeito à pluralidade de ideias e de pensamento, trabalho para construção de uma sociedade inclusiva e sustentável.

A utilização do computador como instrumento de trabalho é transversal aos cursos de graduação em Psicologia, com o incentivo para desenvolvimento, análise e implantação de bases de dados com informações de interesse da área para acesso por meio de tecnologia da informação. O egresso de curso de Psicologia deve procurar familiarizar-se com quaisquer outras tecnologias que contribuam para aprimorar seu trabalho.

É preciso reconhecer que a tarefa não é fácil: em síntese, o ensino de Psicologia deve contribuir para o desenvolvimento das capacidades citadas, garantindo que o estudante seja bom observador, relacione-se bem com os outros, comunique-se a contento oralmente e por escrito, disponha de conhecimentos que possibilitem atuação efetiva em auditorias, perícias e arbitragens, com capacidade de argumentar a contra-argumentar, e tenha estimulado formas de raciocínio como a intuição, a indução, a dedução, a formulação de analogias e de estimativas (Brasil, 1998).

Há habilidades e competências dentre as listadas acima que têm caráter transversal, o que significa que precisam ser desenvolvidas desde o início até o fim do curso. Para citar algumas com esta característica: resiliência a pressões de prazo, respeito à ética, respeito à diversidade (étnica, cultural, biológica, de gênero e de orientação sexual), respeito à pluralidade de ideias e de pensamentos, empenho pessoal para construção de sociedade inclusiva e sustentável.

Grande parte das habilidades identificadas acima pode ser exercitada com base em discussões trazidas para as aulas por meio de casos, a exemplo da prática adotada pela Escola de Negócios de Harvard (como citado no Capítulo 7, Seção 7.2.10), de forma que o docente de dada disciplina dos cursos de graduação em Psicologia pode avaliar como aplicar este exercício no âmbito que lhe cabe.

É inquestionável que conjunto tão amplo de habilidades e competências não é conseguido sem esforço de todos os envolvidos (professores, profissionais administrativos, gestores), cada um oferecendo o seu contributo em nível máximo de qualidade para alcance da edificação final, com excelência de resultados. Isto se traduz pela formação de profissionais com capacidade consonante com a missão institucional.

Ora, se é possível identificar estas habilidades *a priori* como necessárias para o exercício profissional na área da Psicologia, a Didática específica para emprego nas disciplinas dessa área (no título – Didática da Psicologia) precisa considerá-las no momento da escolha das práticas docentes selecionadas pelos professores, de modo que as habilidades e as competências exigidas pela profissão sejam desenvolvidas.

A compreensão do alcance das novas tecnologias aplicáveis à área empresarial é assunto de interesse, e uma exigência que se impõe naturalmente ao ensino de Psicologia, e, por consequência, à Didática da Psicologia. A utilização de artefatos tecnológicos que contribuam para a aprendizagem dos estudantes é um imperativo. Não só isto, como também a possibilidade de exercitação para assimilação rápida de novas tecnologias, análise de como introduzi-las no processo de ensino para melhorar os resultados de aprendizagem pelos estudantes. A contribuição da tecnologia na educação de modo geral é analisada no Capítulo 8 deste livro.

Outra questão de caráter geral que norteia as escolhas do professor (de qualquer área) é como manter seus alunos interessados na aprendizagem dos conteúdos abordados.

Uma premissa considerada é a oferta de uma lista ampla de estratégias – da qual o docente seleciona, dentre elas, as que ele julga mais apropriadas – para alcançar os objetivos de capacitação exigidos nas disciplinas sob sua responsabilidade. É certo que há assuntos que o professor prefere abordar por meio de uma aula expositiva. Outros temas podem ser tratados por meio de um debate em sala, outros com a aplicação de experimentos em laboratório, ou então ministrados com o uso da "sala de aula invertida", em que o conteúdo é estudado pelo aluno em casa a partir de textos, vídeos, áudios previamente selecionados, reservando-se o tempo-espaço da sala para elaboração de exercícios de fixação, ou para discussões, ou para execução de algum projeto, ou mesmo para um jogo de perguntas e respostas, ou ainda por meio de apresentação de artigo confeccionado em casa; todas estas são formas em que a característica marcante é a interação entre professor e alunos.

Certamente, não é apropriado que o professor adote uma só abordagem, e vá com ela ao longo de um período completo. Suas aulas seriam monótonas, maçantes. Mas é isto o que ocorre com mais frequência do que seria desejável.

Por exemplo, alguns professores preparam centenas de slides, cobrindo todo o conteúdo da ementa, e vão até o fim com esta abordagem. Nada mais desmotivador, cansativo, do que a repetição de uma prática docente por tanto tempo.

Seria oportuno que o docente surpreendesse seus alunos em cada aula com uma estratégia diferente. Algumas práticas exigem planejamento demorado, outras podem ser adotadas na hora, possibilitando que o estudante não saiba como será o trabalho na sala naquele dia.

Por fim, no contexto do ensino superior, hoje não é concebível que as instituições de ensino atuem sem suporte de planejamento estratégico, sem priorizar as ações que levem à concretização de sua missão institucional, como também de sua visão de futuro. Mas isto só faz sentido se houver trabalho paralelo de acompanhamento e controle em todas as instâncias inferiores, para assegurar comprometimento de todos com a realização do plano.

Assim, retomemos assunto abordado no início desta Introdução, para exemplificar com o caso da UFPA, constante de seu Plano de Desenvolvimento Institucional 2016-2025. Veja a seguir a missão e a visão de futuro respectiva:

Missão Institucional da UFPA: *"produzir, socializar e transformar o conhecimento na Amazônia para a formação de cidadãos capazes de promover a construção de uma sociedade inclusiva e sustentável"* (PDI UFPA, p. 31).

Visão de futuro da UFPA: *"ser reconhecida nacionalmente e internacionalmente pela qualidade no ensino, na produção de conhecimento e em práticas sustentáveis, criativas e inovadoras integradas à sociedade"* (PDI UFPA, p. 33).

Cabe a pergunta – e com ela fica expressa a razão por que missão e visão de futuro são trazidas para cá: há utilidade em se fazer planejamento estratégico se missão e visão de futuro são ignoradas no âmbito dos cursos e, em particular, pelos docentes encarregados de cada disciplina ministrada na instituição de ensino? Não é a partir do que é feito didaticamente em cada disciplina que a missão é realizada, e que a visão de futuro poderá vir a ser alcançada no horizonte determinado? Este assunto (a visão sistêmica do planejamento educacional) é abordado no Capítulo 5.

A QUEM SE DESTINA ESTE LIVRO

Destina-se a estudantes de Psicologia que desejam credenciar-se para futuramente trabalhar como professores, como também a docentes que já atuam em tais cursos, que podem eventualmente considerar a leitura e a reflexão acerca do conteúdo do livro como forma de apreciação de suas próprias práticas didáticas.

PARTE I – DEFINIÇÃO DE DIDÁTICA

1. TÓPICOS DA PRÁTICA PEDAGÓGICA

> "A docência é um trabalho cujo objeto não é constituído de matéria inerte ou de símbolos, mas de relações humanas com pessoas capazes de iniciativa e dotadas de uma certa capacidade de resistir ou de participar da ação dos professores".
>
> Maurice Tardif & Claude Lessard. "O Trabalho Docente: Elementos para uma Teoria da Docência como Profissão de Interações Humanas". 9ª ed. Petrópolis: Vozes, 2014, p. 35.

Neste Capítulo serão definidos conceitos relevantes relacionados ao ensino e à aprendizagem que aparecem ao longo do livro. Por exemplo: o que constitui o ensino? O que é um método de ensino? O que é uma técnica de ensino? O que é um processo de ensino? O que é um procedimento de ensino? O que é uma estratégia de ensino? O que é Pedagogia? O que ela compreende? O que é Andragogia? O que é Didática? O que ela abrange? O que compreende a Didática Geral? O que compreende a Didática Especial?

1.1 QUE É ENSINO?

É o processo de ensinar algo a outrem. É o exercício do trabalho de professores (magistério). Pressupõe a utilização de métodos adequados para garantir que objetivos estabelecidos inicialmente sejam atingidos. Estes objetivos são a aprendizagem de dado conteúdo por um grupo de estudantes, expressa por meio da aquisição ou do aprimoramento de habilidades ou competências listadas previamente.

Quando se considera que este processo ocorre em instituições de ensino, alguns elementos são identificados e merecem análise detida. Em especial o que diz respeito ao profissional responsável pela condução e pelos resultados do processo – o professor – quando se considera a sua formação.

A reflexão acerca da instituição escolar ou acadêmica e da própria vivência do professor como estudante (todos os professores, afinal, o foram em algum momento[5]) são elementos relevantes para a compreensão do trabalho envolvido, e também a respeito do papel que a instituição de ensino exerce na sociedade, para consecução do objetivo de formar cidadãos conscientes, críticos, participativos, em condições de contribuir com a sociedade em que vivem.

Tardif (2014) aponta que o saber docente é formado de vários saberes oriundos de fontes diferentes. São os seguintes: disciplinares, curriculares, profissionais e experienciais.

Os saberes disciplinares são aqueles que correspondem aos diferentes campos de conhecimento, como, por exemplo, os transmitidos nos cursos da área de matemática. Na área da Psicologia em particular, os saberes disciplinares são oriundos de grupos de pesquisa de instituições de ensino e de organizações de representação de psicólogos (graduados em Psicologia).

Os saberes curriculares são aqueles que compõem a estrutura de cursos ministrados no âmbito de uma instituição, respeitando as Diretrizes Curriculares da área (definidas pelo MEC), em que são identificados objetivos, conteúdos, métodos de ensino a serem aplicados pelos professores.

Os saberes experienciais (ou práticos) são aqueles adquiridos pelo professor com base na sua prática da profissão; incorporam-se à experiência individual. Em ambiente onde se exercite a troca de experiências entre os professores, pode incorporar-se à experiência coletiva.

Além dos saberes citados, há um também relevante e de que não se pode esquecer: todo professor um dia foi aluno – esse saber

---

[5] Tardif (2014) atesta que o saber herdado da experiência escolar anterior é muito forte e persiste ao longo do tempo e a formação universitária não consegue transformá-la ou abalá-la.

herdado da história escolar ou acadêmica – persiste e influencia a prática do professor. Afinal, experiências positivas ou negativas tidas na condição de aluno exercem influência na forma como o professor conduz o seu trabalho. Há um aspecto preocupante neste fato: a dissintonia das práticas e dos valores trazidos deste passado com o que se pratica hoje na pedagogia e, em particular, na didática. Esta é a razão por que tantos professores se fixam em aula expositiva como método de ensino preferencial, e pouco exploram outras abordagens.

Outro elemento de interesse nesta análise é a estrutura psicológica dos estudantes e a interação entre eles. É exigência que se impõe, de modo que o professor compreenda as atitudes, os comportamentos psicológicos e as reações de cada aluno, considerado como indivíduo e também como parte do grupo.

Outro elemento relevante nesta reflexão é a aplicação prática dos diferentes procedimentos pedagógicos que o professor pode empregar para garantir a aprendizagem dos estudantes.

Por fim, o estudo da didática aplicável à disciplina ministrada pelo professor. Adiante, o conceito de didática é apresentado. Por ora, é preciso saber que a didática estuda a técnica de ensino em todos os seus aspectos (Piletti, 2000).

Para o exercício pleno de seu trabalho, o docente precisa habilitar-se nos elementos descritos.

Essencialmente, o trabalho do professor consiste dos mesmos passos exigidos quando se tem algo complexo para realizar. Para planejar este trabalho, algumas perguntas preestabelecidas precisam ser respondidas – com as respostas tem-se o plano de ensino. Aprovado este plano, segue-se sua execução, com a administração do ensino. Enquanto durar a execução, são realizados o controle e o acompanhamento das tarefas do plano.

Basicamente, as perguntas são as mesmas que o gerente de um projeto precisa responder para produzir seu plano de trabalho[6]. As questões que o docente precisa responder para elaborar seu plano são listadas a seguir:

– QUE conteúdo ensinar? Ementa e programa da disciplina dão a resposta aqui;

– A QUEM ensinar? Informações sobre os estudantes da turma, com dados da trajetória anterior, resultados de testes de sondagem para verificar o domínio de conhecimentos prévios necessários para a disciplina. Lacunas identificadas aqui precisam ser sanadas de alguma forma, pois, caso contrário, provavelmente prejudicarão a aprendizagem esperada;

– ONDE o trabalho será desenvolvido? Identificação do local onde as aulas serão realizadas (sala, laboratório, auditório, outra dependência);

– QUANDO (período considerado)? Inclui cronograma de atividades da disciplina, aula a aula, datas previstas de avaliações formativas (avaliações que buscam confirmar se houve aprendizagem do tópico ensinado; se a resposta é sim, passa-se ao próximo; se a resposta é não, volta-se ao tópico para reapresentá-lo), datas previstas de avaliações somativas (de fim de período), datas de entrega de trabalhos (projetos, artigos, textos, exercícios de fixação, diagramas, etc.);

– POR QUÊ? A questão a responder é por que este conteúdo precisa ser ensinado, que objetivos se pretendem atingir, que habi-

---

[6] Princípio W^{2}HH proposto por Barry Boehm *apud* (Pressman, 2006) como base para descrever bem um projeto de software (e projetos em geral): *what* (o que)? *who* (quem)? *where* (onde)? *when* (quando)? *why* (por que)? *how* (como)? *how much* (quanto)?

lidades e competências precisam ser desenvolvidas ou aprimoradas;

– COMO? Com que práticas didáticas as habilidades e as competências constantes do programa da disciplina serão atingidas? Como estes resultados serão medidos? Que instrumentos de avaliação serão utilizados para confirmar o alcance dos resultados?

– COM QUAIS RECURSOS? Que recursos materiais (acervo bibliográfico, laboratórios, salas de aula, equipamentos disponíveis, viagens) serão utilizados para conseguir que as habilidades e as competências sejam adquiridas pelos alunos.

Mesmo quando isto tudo é seguido com critério, pode ocorrer de a avaliação no fim do processo levar a que se constate que os objetivos não foram atingidos, satisfatoriamente, por exemplo, por nem todos os estudantes terem conseguido o aprendizado desejado. Isto impõe que a instituição de ensino, de alguma forma, proponha novos procedimentos didáticos, aplicáveis aos estudantes que não atingiram a aprendizagem requerida, para que sua missão organizacional seja concretizada para todos.

1.2 QUE É MÉTODO DE ENSINO?

A palavra "método" significa "caminho" para fazer algo, ou para chegar a um ou a vários objetivos. Portanto, um método de ensino é um caminho escolhido para ensinar algo a outrem. Exemplo: pode-se adotar para o ensino de "lógica de programação" o método de "aula expositiva". Outro método que poderia ser utilizado para ensinar o mesmo conteúdo poderia ser "instrução programada".

1.3 QUE É TÉCNICA DE ENSINO?

A palavra "técnica" significa "como fazer" algo, é o conjunto de procedimentos ligados a uma arte ou a uma ciência. Portanto, uma técnica de ensino determina os passos necessários para ensinar algo a outrem; a técnica de ensino escolhida determina como o ensino é encaminhado.

Até aqui, o que se tem: método é definido como caminho; técnica é definida como a forma de percorrer este caminho, ou seja, como fazer algo, qual é o passo a passo para concretizar algo.

Pode-se adotar a aula expositiva como método de ensino. Para realizar a aula expositiva pode ser adotada uma dentre várias formas possíveis. Por exemplo, uma forma poderia ser: determinado o tema, associa-se um objetivo a ser alcançado com a aula; determina-se o passo a passo como o tema será abordado, desde os conceitos preliminares que possibilitem que tópicos posteriores que se fundamentem nos conceitos iniciais sejam abordados. Isto feito, por meio de perguntas dirigidas aos estudantes, o docente pode avaliar o nível de compreensão do tema abordado. Havendo necessidade, o docente recorre a outros exemplos ou a outros argumentos para elucidação de dúvidas constatadas nas respostas apresentadas pelos alunos. Esta técnica não é a única que pode ser empregada para a aula expositiva.

1.4 QUE É PROCESSO DE ENSINO?

A palavra "processo" significa modo de fazer alguma coisa, obedecendo a uma sequência de passos – estes passos apresentam certa unidade com o que se pretende fazer; método, procedimento, maneira. Portanto, processo de ensino é uma sequência de operações que, quando executada com regularidade pelo professor, possibilita que ele ensine algo a seus alunos.

Pode-se falar em processo de aprendizagem como a sequência de operações (mentais ou não) executadas pelo aluno como resultado do processo de ensino – e que leve que ele aprenda algo. A execução do processo de ensino pelo professor desencadeia o processo de aprendizagem, desde que o aluno queira aprender ou esteja receptivo ao ensino. Para haver aprendizagem, é determinante que o estudante queira aprender. É óbvio que pode ocorrer de o aluno ser receptivo à aprendizagem, mas o processo de ensino ser ineficaz. Neste caso, o estudante deve informar que não aprendeu; ou o professor pode descobrir isto por meio de avaliações que tenha efetuado. Em ambos os casos, o professor reexecuta o processo de ensino com alguma adaptação.

1.5 QUE É PROCEDIMENTO DE ENSINO?

A palavra "procedimento" significa maneira de agir, maneira de proceder. Portanto, procedimento de ensino é maneira de agir para ensinar, maneira de proceder para ensinar.

1.6 QUE É ESTRATÉGIA DE ENSINO?

A palavra "estratégia" significa arte de aplicar com eficácia os recursos disponíveis ou aproveitar as condições existentes, visando alcançar determinado objetivo. Portanto, estratégia de ensino é a arte de aplicar eficazmente os recursos disponíveis ou aproveitar as condições existentes para ensinar algo a outrem.

1.7 QUE É PEDAGOGIA?

Pedagogia é a ciência cujo objeto de estudo é a educação. Isto compreende todas as atividades relacionadas ao processo de ensino e ao processo de aprendizagem.

Etimologicamente, a palavra pedagogia provém do grego *paidagogia* (*pais, paidós* = criança; *agein* = conduzir; *logos* = tratado, ciência) – ciência que cuida da condução ou da educação de crianças.

Na Grécia antiga, os escravos que acompanhavam as crianças que iam para a escola eram chamados de *pedagogos*. Como escravos, eles eram submissos às crianças, mas exercitavam autoridade também quando necessário. Por isso, esses escravos desenvolviam grande habilidade no trato com as crianças (Piletti, 2000).

Na concepção atual, o pedagogo é o especialista em assuntos educacionais. Pedagogia é o conjunto de conhecimentos sistemáticos relativos ao processo educativo (Piletti, 2000).

Veja outra definição de Pedagogia:

Tardif (2014, p. 117) a define da seguinte forma:

> É o conjunto de meios empregados pelo professor para atingir seus objetivos no âmbito das interações educativas com os alunos. Noutras palavras, do ponto de vista da análise do trabalho, a pedagogia é a "tecnologia" utilizada pelos professores em relação ao seu objeto de trabalho (os alunos), no processo de trabalho cotidiano, para obter um resultado (a socialização e a instrução).

São dois os objetivos a que se refere Tardif: a aprendizagem do conteúdo ministrado e a socialização dos estudantes. O ambiente criado pelo professor favorece a aprendizagem e a socialização. A atividade de ensino desenvolve-se no âmbito de interações humanas. Por isso, Tardif (2014) considera que o professor é um "trabalhador interativo": sua atividade consiste essencialmente na interação com os estudantes.

Piletti (2000) afirma que o conceito moderno de Pedagogia reúne seus aspectos fundamentais – filosofia, ciência e técnica – portanto, a pedagogia é a filosofia, a ciência e a técnica da educação;

educação entendida aqui como processo de ensino com vista à aprendizagem.

1.8 QUE É ANDRAGOGIA?

Enquanto a Pedagogia é a ciência que cuida da condução ou da educação de crianças, a Andragogia é voltada para a educação de adultos. Há um diferencial importante aqui – a experiência do adulto – que é a base para sua aprendizagem, da mesma forma que sua inserção na sociedade. É mais fácil motivar um adulto para envolvimento com seu próprio aprendizado: ele reconhece que quanto mais aprende maior será sua autoestima.

Apesar de a Andragogia ter sido criada pelo pedagogo alemão Alexander Kapp (1799-1869), o disseminador do conceito foi Malcolm Knowles, (educador americano, 1913-1997), e por isso é considerado o "pai da Andragogia".

O protagonista da Pedagogia é o professor: é quem determina o que vai ser aprendido, em que momento isto ocorrerá, como se dará, e como a avaliação será feita. Já a Andragogia responsabiliza o aluno pelo seu aprendizado, afinal ele escolhe aprender.

Knowles *apud* Khan (2013, p. 177) reforça isto assim: "Se soubermos por que estamos aprendendo, e se a razão servir para as nossas necessidades conforme as percebemos, aprenderemos de forma rápida e profunda". Outro aspecto enfatizado por Knowles é a aprendizagem centrada em problemas, e não em áreas de conhecimento. E mais: há preferência do adulto por aprender aquilo que está relacionado com o seu cotidiano.

1.9 ASPECTOS FUNDAMENTAIS DA PEDAGOGIA

Como citado por Piletti (2000), são três os fundamentos da Pedagogia: a Filosofia, a Ciência e a Técnica.

O aspecto filosófico abrange os princípios fundamentais da educação, sua relação com a vida, com os valores, com os ideais e com as finalidades da educação. Nesta perspectiva, são buscadas respostas para as seguintes questões: que deve ser a educação no momento atual? Para onde a educação deve conduzir as novas gerações?

São importantes os valores estabelecidos pela sociedade para a educação. O aspecto filosófico procura estabelecer as diretrizes da educação em conformidade com a legislação e com os valores de cada povo numa dada época (Piletti, 2000).

No tocante ao aspecto científico, a Pedagogia acompanha o desenvolvimento de áreas de conhecimento como Psicologia, Biologia, Sociologia, Antropologia, Ciências Políticas e Economia – ciências que estudam o comportamento humano. Especial atenção é dedicada à identificação de fatores associados a essas áreas que afetem o comportamento.

A Psicologia estuda o comportamento humano, tendo como base a natureza do indivíduo. A abordagem da Psicologia é centrada nas diferenças individuais (por exemplo, inteligência, atitudes) e nos processos (por exemplo, percepção, motivação) que permitem explicar a variação de respostas diante de situações ou estímulos semelhantes (Piletti, 2000).

A Sociologia estuda a organização e o funcionamento das sociedades humanas; é menos centralizada na pessoa. Ela estuda os agrupamentos sociais e desenvolve estudos sobre os mais amplos processos da sociedade; ela estuda os valores sociais, as mudanças na sociedade, os padrões de comportamento familiar, etc. Ela não cuida das diferenças individuais e, sim, as diferenças que existem entre grupos de indivíduos (classes sociais, grupos políticos e agrupamentos de trabalho) (Piletti, 2000). A sociologia da educação estuda os valores sociais que determinam os objetivos do ensino e seus métodos.

Com relação ao aspecto técnico, a Pedagogia atém-se à técnica de como educar. Sob o aspecto técnico, são estudados os métodos e os processos educativos, os sistemas gerenciais das instituições educacionais, incluindo os aspectos organizacionais e de planejamento, os métodos e as práticas de ensino.

O trabalho de Doug Lemov prende-se a este aspecto, como apresentado com detalhes na parte III deste livro, que relata experiências didáticas de grandes professores (Capítulo 10).

1.10 DIVISÃO DA PEDAGOGIA

Considerando as três áreas fundamentais da Pedagogia, podemos relacionar as seguintes disciplinas para cada uma delas (Piletti, 2000):

Disciplinas filosóficas: História da Educação, Filosofia da Educação, Educação Comparada, Política Educacional;

Disciplinas científicas: Biologia Educacional, Psicologia Educacional, Sociologia Educacional;

Disciplinas técnicas: Administração Escolar, Higiene Escolar, Organização Escolar, Orientação Educacional, Didática Geral e Especial.

1.11 QUE É DIDÁTICA?

A apresentação feita até aqui nos conduziu à constatação de que a Didática é uma disciplina técnica da Pedagogia (como está no fim da Seção anterior), cujo objetivo é o estudo dos processos de ensino e de aprendizagem em sua globalidade, independentemente da disciplina em questão (Matemática, Física, Computação, Química, Ciências Naturais, Engenharia, Direito, Psicologia, por exemplo). Didática, de forma sintética, é a técnica de ensinar (D'Amore, 2007).

A Didática refere-se ao conjunto de métodos e técnicas de ensino para a aprendizagem (Rangel, 2008).

Esta ação envolve vários elementos indispensáveis: o estudante, o professor, o conteúdo a ensinar, a estratégia de ensino empregada, o objetivo de aprendizagem.

Com outras palavras, a Didática estuda as técnicas de ensino considerando todos os seus aspectos práticos e operacionais. Ela busca identificar elementos da atividade de ensino executadas pelo professor que repercutem na aprendizagem do aluno; da mesma forma, leva em conta a dimensão epistemológica dos conceitos constantes dos tópicos abordados no ensino, de modo que os objetivos de aprendizagem sejam alcançados (D´Amore, 2007).

Como a didática envolve o estudo dos processos de ensino e de aprendizagem em toda a sua abrangência, pode-se considerar duas perspectivas para análise: centrada no professor – que ação didática ele aplicará sobre o assunto a ser ensinado, sensível ao aluno com que trabalhará; e centrada no aluno – que ação didática o professor aplicará para avaliar se o que foi ensinado efetivamente foi aprendido. Quando o aluno consegue explicar o que aprendeu, ele demonstra que realmente houve aprendizado.

1.12 DIDÁTICA GERAL E DIDÁTICA ESPECIAL

A Didática Geral aborda princípios, normas e técnicas aplicáveis ao ensino de modo geral, para qualquer nível de ensino. A Didática Geral apresenta uma visão geral da atividade docente.

Já a Didática Especial trata de aspectos particulares de dada disciplina ou dada faixa de escolaridade. Leva em conta peculiaridades de cada disciplina, abordando dificuldades particulares e formas de contorná-las. Por exemplo, a didática para o ensino de uma língua estrangeira, a didática para o ensino de Matemática, a didática para o ensino de Física, a didática para o ensino de Computação, a didática para o ensino de Direito, a didática para o ensino de Engenharia, a didática para o ensino de Psicologia, a didática para o ensino de Ciências Naturais.

O ensino de Matemática, o ensino de Direito, o ensino de Engenharia, o ensino de Psicologia, o ensino de Física, o ensino de Ciências Naturais e o ensino de Computação apresentam exigências similares: eles tratam de representações de realidades, então a exercitação da abstração é aspecto determinante da aprendizagem. Naturalmente neste livro concentraremos a atenção sobre a didática para o ensino de Psicologia, procurando abordar os procedimentos mais indicados para o trabalho nesta área.

O conteúdo deste livro enquadra-se na Didática Especial; no caso, focaliza a Didática da Psicologia, procurando observar aspectos peculiares desta área, de forma que os graduandos desenvolvam ou aprimorem as competências cognitivas, instrumentais e interpessoais necessárias ao exercício profissional.

A epistemologia[7] da Psicologia permite estudar os obstáculos à aprendizagem; isto permite que se avalie com maior acurácia e eficácia a ação didática em termos do nível de aprendizagem alcançado.

Como citado na Apresentação desse livro, D´Amore (2007) afirmou em "Elementos de Didática da Matemática" que seu propósito com a publicação foi rebater a ideia, ainda viva por aí, de que para ensinar Matemática basta conhecer Matemática. Parodiando D´Amore, dissemos que para ensinar uma disciplina de curso de Psicologia não basta conhecer esta disciplina. É necessário conhecer bem, mas não é suficiente. É preciso mais! O domínio da Didática é fundamental para garantir a aprendizagem efetiva.

A despeito disso, é preciso dizer que os saberes da Pedagogia e da Didática, em particular, não podem oferecer aos docentes respostas precisas acerca de "como-fazer". Em situações reais de prática docente (quem tem alguma experiência sabe disso), o professor

---

[7] A epistemologia é a disciplina da Filosofia que estuda o conhecimento em geral; isto abrange origem, estrutura, métodos e validade do conhecimento; é a teoria do conhecimento.

precisa tomar decisões e definir estratégias de ação em atividade, sem poder recorrer a "saber-fazer" que garanta certeza no controle da situação (Tardif, 2014).

Em face disso, Tardif cita as três tecnologias da interação a que, às vezes, o professor tem que recorrer para atingir seus objetivos na interação com os estudantes: a coerção, a autoridade e a persuasão. Com elas, o professor impõe seu curso de ação em oposição ao que seriam ações dos estudantes que viessem em sentido contrário.

A coerção consiste na utilização de meio de punição real ou simbólico a que o professor pode recorrer na interação em sala de aula.

Normalmente, os regimentos internos das instituições de ensino definem os limites do comportamento do professor na sua aplicação.

São exemplos de diferentes níveis de coerção: atribuição de falta por atraso, ocorrência de falta em atividade programada de teste ou de prova, utilização de ironia ou de algum trejeito durante interação com o estudante.

Em casos mais graves, os regimentos preveem suspensões, exclusões, transferências.

Tardif (2014) cita formas de coerção simbólica: o desprezo, a vontade de excluir alunos considerados nocivos, a negligência intencional ou não ao constatar que dado aluno tem dificuldades de aprender, ou não tem base conceitual necessária para o período atual e que foi ministrada no anterior.

Estão presentes, vez ou outra, em avaliações feitas pelos estudantes acerca do trabalho de professores, os casos de emprego de expressões sarcásticas ou irônicas pelos docentes. Estas são situações deploráveis, e, é óbvio, devem ser evitadas.

A autoridade é o poder de que é investido o professor ao ser designado responsável por ministrar determinada disciplina a uma turma de estudantes, conferido pelo regimento da instituição. Esta autoridade pode ser reforçada pelo carisma que o professor apresente – conjunto de capacidades subjetivas que compõem sua personalidade. É desejável que o professor consiga impor-se aos estudantes naturalmente, merecendo deles respeito e consideração, sem precisar recorrer à coerção. Se o professor conseguir impor-se aos estudantes pelo que é como pessoa, conseguindo granjear seu respeito, venceu etapa decisiva de seu ofício: a aceitação pelos alunos. A partir daí, a intenção deve ser fortalecer os laços com a turma, e conseguir colaboração e compromisso de todos com a aprendizagem da disciplina.

A persuasão consiste em fazer com que alguém acredite em algo, ou aceite algo, ou decida sobre algo; na sala de aula, o professor vale-se da sua capacidade de convencimento, da solidez de seus argumentos e, havendo questionamentos dos estudantes, da pertinência dos contra-argumentos que opuser.

Em resumo: na interação com os estudantes, o professor pode vivenciar situações que o levem a utilizar estas três tecnologias; há situações-limite em que precisa recorrer à coerção; o desejável é que se imponha pela sua autoridade natural e pela sua capacidade de persuasão.

Por fim, reforçando a importância da abstração na Psicologia: ela é a operação intelectual em que um objeto de interesse (coisa, representação, fato) é isolado de elementos que lhe estão relacionados na realidade. Alguns aspectos do objeto são destacados, outros são ignorados. Não há maneira de, a partir de algo concreto (como uma empresa, um negócio, um fenômeno), imaginar uma representação matemática, gráfica ou no computador sem que haja simplificação da realidade: quer dizer, considerar alguns objetos como relevantes, e deixar outros de lado por não serem importantes para a representação desejada.

O próximo Capítulo apresenta um panorama com os principais eventos históricos relacionados à Didática, indo desde a Didática difusa dos gregos até a Pedagogia Renovada ou Escola Nova do início do século XX, como quinto marco, passando por três outros estágios anteriores. O leitor que não tiver interesse nessa abordagem histórica pode encaminhar-se diretamente para a Parte II do livro (página 86).

1.13 TEXTOS PARA REFLEXÃO

1.13.1 TEXTO 1: *SOLUÇÃO QUESTIONADA... POR UM TEMPO*

Extraído de FURTADO, A. B. "*Um Pouco da Minha Vida: Novos Casos e Percepções*". Belém: abfurtado.com.br, 2018.

Como coordenador de curso, comentei outro dia, enfrentamos situações difíceis, que, às vezes, escapam da estrita aplicação do regimento da instituição. Há gestores que se atêm ao regimento. Apesar de achar que não se deva fazer ilegalidade, eu penso que podemos ir, em alguma situação, um pouco além do regimento. Com isto quero dizer: fazer algo que não está explícito nele, mas que é legal. Se fosse para limitar-se a ele, até que tudo seria mais fácil e previsível, mas, certamente a gestão seria amarrada e pouco produtiva.

Avaliem a situação: o representante da turma me pediu que comparecesse à sala para debate a respeito da situação de uma disciplina concluída que, na avaliação dele, não foi bem ministrada: o professor não havia ministrado todas as aulas, estas tinham ficado no encargo de um orientando do docente, razão alegada para não ter havido aprendizagem. Como mencionei em outra nota deste livro, me recuso a participar de reunião na sala para tratar deste tipo de questão (prefiro a reunião em colegiado). Para a questão posta encaminhei solução nos termos que julguei mais apropriada.

Antes de tudo, eu comentei que o problema tinha que ter sido comunicado em tempo à coordenação, não só depois de concluída a disciplina;

meu procedimento teria sido conversar com o professor para encontrar solução tempestiva para o caso.

Na sua visão simplificadora, o representante havia sugerido que a disciplina fosse ministrada de novo por outro professor.

Comentei que eu não teria como fazer isto: que justificativa apresentar à administração a respeito de realizar duas vezes uma disciplina? Havia ainda a questão financeira, o duplo pagamento estava fora da programação. Se eu fizesse isso, teria que relatar à administração o ocorrido: isto alcançaria o professor, que teria que responder processo. E mais grave: ponderei que a questão teria outros desdobramentos. Como este processo não teria desenlace rápido, a turma presente seria ainda penalizada: agora quanto à conclusão do curso, que não ocorreria na data prevista. Haveria atrasos inevitáveis no cronograma. Pior: haveria ainda implicações para a próxima turma, já que a anterior teria que ser concluída para iniciar a nova. Disse ao representante que eu daria outra solução: programaria minicurso para cobrir o conteúdo questionado, como atividade de nivelamento, com recurso devidamente provisionado no cronograma financeiro do curso.

Este representante de turma questionou duramente minha solução para o caso, a despeito dos argumentos que eu apresentei. No fim, ficou como eu encaminhei. Quem reapresentou o assunto não aprendido se saiu muito bem, fato reconhecido unanimemente em avaliação que apliquei depois do minicurso. Assim, eliminei qualquer possibilidade de crítica de alguém apontar conteúdo não ministrado apropriadamente na avaliação final do curso.

Três anos depois, este representante de turma, agora como coordenador de curso em outra instituição, tinha vivenciado situação semelhante. Aí, enfim, ele compreendeu por que eu tinha adotado aquela solução que ele tanto criticara como aluno. Fez questão de se desculpar comigo por não ter tido discernimento de ver, naquela altura, que eu tinha razão, e que tinha adotado a melhor solução para a circunstância. Ele reconhecia agora que realmente há condicionamentos que nos levam a buscar solução menos conflituosa e onerosa, até fora do regimento, para não colocar em risco o cronograma do curso e a continuidade do projeto.

1.13.2 TEXTO 2: *EDUCAÇÃO: IMPORTANTE OU PRIORITÁRIA?*

Extraído de FURTADO, A. B. *"Casos e Percepções de um Professor"*. Belém: abfurtado.com.br, 2016.

Ao responder que a Educação é a maior das prioridades dentre as questões impostas a todos os níveis de governo, seja municipal, estadual ou federal, estamos dizendo que ela é muitíssimo importante.

Ao priorizá-la, qualquer sociedade verá seus benefícios se espraiar por todas as áreas da administração.

Educação traz saúde; Educação implica em conscientização política, ecológica e social; Educação garante empregabilidade; Educação traz responsabilidade social; Educação traz voluntariado; Educação traz prevenção de acidentes; Educação traz menos males comportamentais, como alcoolismo, fumo, drogas.

Educação implica menos crimes, menos mazelas, menos pobreza, vida mais longa, consciência da velhice e da infância.

Por isto tudo, a Educação é a maior das prioridades para uma sociedade melhorar continuamente, indefinidamente, sustentavelmente.

Se olharmos as nações que evoluíram, há um padrão: prioridade máxima para a Educação. Não só nos discursos. Na prática de todos os dias dos mandatos.

2. PRINCIPAIS EVENTOS HISTÓRICOS RELACIONADOS À DIDÁTICA

> *"Ensinar é um trabalho interativo".*
> Maurice Tardif & Claude Lessard. *"O Trabalho Docente: Elementos para uma Teoria da Docência como Profissão de Interações Humanas"*. 9ª ed. Petrópolis: Vozes, 2014, p. 235.

A seguir são repassados os eventos mais significativos da história da Didática, distribuídos em cinco períodos.

2.1 PERÍODO INICIAL – A DIDÁTICA DIFUSA[8]

O primeiro emprego da palavra didático, didática (como adjetivo) remonta à Grécia antiga, com o sentido semelhante ao que usamos hoje. Provém do grego *didaktikós*, a partir de derivação de verbo cujo significado é ensinar, instruir.

Donde advém o significado do adjetivo – didático, didática – como destinado ou destinada a instruir, que facilita a aprendizagem (Houaiss & Villar, 2009).

Este longo período é referido como da didática difusa, em que se ensinava intuitivamente ou adotava-se a prática vigente.

2.2 SEGUNDO PERÍODO: DIDÁTICA COMO DISCIPLINA PEDAGÓGICA

O início deste período é dado pela obra intitulada *Didática Magna*, escrita por Jan Amós Komensky (1592-1670), publicada em 1632.

O autor, mais conhecido como Comenius, é considerado o pai da Didática. Movido por ideais éticos e religiosos, ele propôs um método de ensino que pudesse *ensinar tudo a todos*. Ele pregava a

---

[8] Difusa – disseminada, que não apresenta limites precisos, sem contornos definidos.

adoção de método de ensino que garantisse aprendizado rápido, agradável.

Ele propunha que o ensino começasse na infância, com a utilização da língua materna das crianças, em vez de empregar o latim – que era a língua dominante.

Já adotava naquela época a utilização de livros ilustrados. Este é o período da Didática Tradicional (Santos & Grumbach, 2005; França et als, 2013).

Comenius (1632) apud Palmer (2005, p. 57) sintetiza em sua Didática Magna:

> A alta didática é uma arte geral de ensinar tudo a todos. E ensinar com segurança para que o resultado aconteça. E ensinar gentilmente de forma que nem o professor nem os alunos sintam quaisquer dificuldades ou aversão, pelo contrário, ambos tenham prazer. E ensinar cuidadosamente, não superficialmente, levando todos a uma verdadeira educação, a maneiras nobres e a dedicada piedade.

Sobressai nas palavras de Comenius a preocupação de "ensinar tudo a todos", sem exclusões, de modo que "o resultado aconteça", sem "quaisquer dificuldades ou aversão" de professor e de alunos, e que haja "prazer", portanto, que professor e alunos estejam motivados: o docente motivado em ensinar, os alunos empenhados em aprender.

Outro ponto a destacar é o cuidado para que a aprendizagem não seja superficial, mas que leve a "verdadeira" aprendizagem.

2.3 TERCEIRO PERÍODO: ROUSSEAU

Jean-Jacques Rousseau (1712-1778), filósofo iluminista, teórico político, escritor suíço, foi responsável por grande contribuição para a disciplina Didática. Suas ideias trouxeram contribuições para a escola do século XVIII – desgarrando-se das instituições religiosas, passando ao estado, visando formar o homem como cidadão.

Ele propõe que a Didática seja científica, empírica. Contrariamente a Comenius que pensava em "domar as paixões das crianças", Rousseau defendia a bondade natural do homem, que é corrompido pela sociedade, tirando-lhe a liberdade (França *et als*, 2013).

Na sua obra *Emílio* (ou *Da Educação*), Rousseau ensina como se devem educar crianças. Na sua obra *Do Contrato Social*, ele expõe suas ideias políticas. Propõe um Estado social legítimo, em que a soberania do poder se encontra nas mãos do povo, representado por um corpo político. Ele defendia que a população tivesse atenção com este corpo político, pois, como dizia, "o homem nasce bom e a sociedade o corrompe" (França *et als*, 2013). Ou (*apud* Palmer, 2005, p. 73): "Tudo é bom quando sai das mãos do Autor das coisas; tudo degenera nas mãos do homem".

Um continuador da obra de Rousseau e que colocou em prática suas ideias foi Heinrich Pestalozzi (1746-1827), que também via a Educação como agente de transformação social.

2.4 QUARTO PERÍODO: EDUCAÇÃO PELA INSTRUÇÃO (HERBART)

John Frederick Herbart (1766-1841), pedagogo alemão, definiu um método de ensino que se apoiava na ordem psicológica da aquisição de conhecimento. Foi o primeiro sistema de educação a ser adotado mundialmente, bem-sucedido em quase todos os países civilizados; registre-se que isto ocorreu depois da morte de Herbart, em 1841 (Palmer, 2005).

Seu método consistia nas seguintes etapas: preparação, apresentação, associação, sistematização e aplicação. Ainda hoje este método tradicional de ensino é utilizado.

Sua concepção considera que a Didática deve ser voltada enfaticamente para a apresentação de conteúdos de ensino. O professor é o protagonista do método, com ênfase na exposição oral.

Nesta abordagem, o estudante tem posição passiva. A avaliação de aprendizagem é feita por meio de provas e arguições, com o objetivo de classificar os estudantes (Santos & Grumbach, 2005).

Herbart *apud* Palmer (2005, p. 115) afirma:

> A pedagogia, considerada ciência [...] tem de se defrontar com uma dificuldade especial [...]. Todos os seus conceitos mais importantes repousam dentro do círculo da conversa comum e também no surrado costume de se achar que já se sabe.

Em sua obra "Educação Geral", de 1806, destaca-se o capítulo que trata de instrução, e não a respeito de educação no sentido de treinamento moral do caráter. Mas, para ele, instrução e educação devem andar juntas, por servirem aos objetivos gerais da educação.

Ele reconhece duas categorias de objetivos: os possíveis e os necessários. Os objetivos possíveis são os associados à multiplicidade e aos interesses pessoais; visam preparar o aluno para o que ele pode possivelmente encontrar como adulto. Os objetivos necessários são para qualquer futuro que ele encontre: são associados à moralidade e ao caráter, que excluem ações ao acaso. Já a multiplicidade requer virtuosidade. Para ele, aí estão os pontos principais da teoria educacional (Palmer, 2005).

2.5 QUINTO PERÍODO: PEDAGOGIA RENOVADA OU ESCOLA NOVA

Esta abordagem foi proposta para contrapor-se à tendência tradicional a partir da década de 1920. Do fim do século XIX ao início do século XX, a Psicologia avança como ciência, trazendo contribuições significativas para a Educação.

Como quem aprende é o indivíduo, então a aprendizagem deve ser centrada no estudante, e não no professor. O estudante deve ser ativo, e deve comprometer-se com sua aprendizagem.

É a chamada pedagogia ativa; os métodos de ensino empregados são ativos: tiram os estudantes da passividade (eles têm maior participação na sua própria aprendizagem, tiram ou atenuam o protagonismo do professor).

Esta abordagem propugnava que a escola preparasse o estudante para inserção na sociedade, com atuação autônoma e crítica (França *et als*, 2013).

Com o texto seguinte, encerra-se a primeira parte do livro, cujo objetivo foi apresentar uma definição abrangente da Didática.

Na segunda parte encontra-se o núcleo do livro – os elementos da Didática – com a descrição do ciclo docente, com o destaque para o planejamento de ensino, para as técnicas de avaliação de aprendizagem, para a descrição de métodos ou técnicas de ensino a que o professor de Psicologia pode recorrer para composição de sua prática, em vista dos objetivos que almeja alcançar. Finaliza esta parte do livro o Capítulo 9, que trata de aprendizagem.

2.6 TEXTOS PARA REFLEXÃO

Leia o texto abaixo, extraído de Furtado, A. B. "*Para Ensinar Melhor*". Belém: abfurtado.com.br, 2018. Reflita a respeito do que efetivamente mudou com o ensino desde quando Comenius lançou sua obra até hoje. Isto é, passados mais de 380 anos, que avanço ocorreu? Por que insistimos em fazer sempre da mesma forma? Por que o medo de tentar de outra maneira?

2.6.1 TEXTO 1: *DESDE COMENIUS ATÉ HOJE POUCO MUDOU...*

Faz sentido que, com tudo o que sabemos a respeito de administração, e com a tecnologia de que dispomos hoje, ainda organizemos e realizemos os nossos cursos, as nossas disciplinas da mesma forma que Jam Amos Comenius (escritor checo, 1592-1670), considerado o pai da Didática Moderna, fazia quando publicou a obra "Didática Magna" em 1632 como técnica para ensinar tudo a todos?

Avalie o próprio leitor com base em questões propostas por ele na obra citada a respeito de como estimular o estudante: "a alguns não falta a aptidão para os estudos, mas a vontade; e obrigá-los a estudar contra a vontade é, ao mesmo tempo, enfadonho e inútil. (...) E se se demonstrar que a causa do desgosto pelo estudo são os próprios professores?" (Comenius apud Silva (2014)).

Faço uma provocação: alguém vê semelhança com as questões que enfrentamos hoje, mesmo com todo o avanço científico e tecnológico havido nesses quase 400 anos desde o lançamento da obra de Comenius?

Se há 1000, 1200 estudantes para quem precisamos ensinar cálculo, programação de computadores, química orgânica ou qualquer outra disciplina básica, faz sentido que ainda dividamos em 25, 30 turmas, em que 25 a 30 professores são mobilizados irracionalmente com uma forma de organização que não apresenta mínima chance de resultado efetivo em termos de aprendizagem, já que "aula é interação, e interação é o que assegura com maior probabilidade a aprendizagem" e eles terão que acompanhar 35, 40 alunos, portanto, exigindo trabalho em volume descomunal se eles quiserem que seus discentes efetivamente aprendam?

Será que não há forma mais racional, inteligente, que leve a melhores resultados do que a que temos adotado?

Não há como fazer com que algumas aulas destas disciplinas de massa sejam magnas – aulas para 1000, 1200 alunos – bem estruturadas, com conteúdo excelente, em que a clareza pontifique do início ao fim? E depois destas aulas magnas, grupos pequenos de 5 a 10 discentes sejam formados para uma segunda etapa da disciplina com prioridade para interação (perguntas e respostas), debates, resolução de problemas ou de-

senvolvimento de projetos, associados aos conteúdos das aulas magnas, com aqueles mesmos 25 a 30 professores?

A questão não é passar a contar com menos professores, mas fazer com que, nesta segunda etapa, eles interajam com menos estudantes e, assim, possibilitando mais chance de aumentar a aprendizagem. E as tecnologias digitais – as grandes responsáveis pela revolução da vida atual – não serão estendidas para a Educação?

Não há mesmo forma de organização, por mais que não seja a esboçada acima, que garanta que os recursos tenham melhor aplicação – com resultados mais efetivos?

Com as questões propostas, corro risco (e isto é comum em Educação, tão infensa a mudanças e a arejamentos, em particular oriundos de outras áreas, e mais ainda da empresarial) de ser criticado duramente por pensar em racionalidade, em efetividade, em resultados – valores que alguns julgam válidos só na área empresarial, jamais na educacional, como se devesse haver compromisso com maus resultados.

Esta nota foi escrita a partir de uma pergunta provocativa feita por Sílvio Meira (professor titular de Engenharia de Software da UFPE) em palestra disponível no YouTube, intitulada "O futuro das profissões".

Silva, Ursula Rosa da. "Filosofia, Educação e Metodologia de Ensino em Comenius". 2014. Disponível em:
http://coral.ufsm.br/gpforma/2senafe/PDF/013e4.pdf. Acesso em 24/05/2018.

2.6.2 TEXTO 2: *PARA SER DIDÁTICO*

Extraído de FURTADO, A. B. "*Casos e Percepções de um Professor*". Belém: abfurtado.com.br, 2016.

Os estudantes separam os professores em dois grupos: os que (quase sempre) se fazem entender e os que (quase sempre) não conseguem. Os primeiros são os didatas – têm bom desempenho no ensino – dominam a didática (técnica de ensinar).

Dado um assunto para ensinar, como pensa o didata? Ele procura responder a pergunta: como abordar este tópico de forma inteligível para todos. Há uma precondição para isto: o domínio do conhecimento, que lhe *possibilite propor esquematizações facilitadoras, exemplos esclarecedores, metáforas apropriadas.*

O didata, com sua abordagem, torna simples o complexo.

PARTE II – ELEMENTOS DE DIDÁTICA
3. CICLO DO TRABALHO DOCENTE

> *"Ensinar é, obrigatoriamente, entrar em relação com o outro".*
> Maurice Tardif. *"Saberes docentes e formação profissional"*. 17ª ed. Petrópolis: Vozes, 2014, p. 222.

A atividade docente é complexa. Pelas dificuldades envolvidas merece ser posta no nível de complexidade de gestão de um pequeno projeto. Essa é a razão por que são trazidas as cinco etapas de gestão de projetos do PMI[9], para compor o ciclo docente. De resto, são as mesmas atividades que compõem o ciclo de vida de qualquer projeto.

O trabalho docente, como qualquer outro, exige conhecimento técnico. Ficou bem para trás o tempo em que a intuição prevalecia ao se desenvolver certa atividade. Por isso, às vezes, algumas eram tidas como arte. Com a existência de maior domínio a respeito dela, torna-se possível elaborar um processo com etapas bem delimitadas, com suas respectivas tarefas e, para cada tarefa, as atividades que a compõem.

Primeiramente, no ciclo docente, diagnostica-se a situação (*1 – Diagnóstico*): obtêm-se dados acerca da disciplina a ser ministrada, com o levantamento de todos os recursos disponíveis para uso, informações a respeito dos alunos da turma, com os resultados do período anterior. Estas informações coletadas serão utilizadas na etapa seguinte (*2 – Planejamento*), possibilitando que as ações docentes adequadas sejam identificadas. De posse destas informações, pode-se planejar a atividade: o resultado é o plano elaborado. A etapa seguinte é a execução do plano (*3 – Administração do Ensino*). O plano não é imutável, pode haver necessidade de ajustá-lo. Isto será determinado na etapa seguinte (*4 – Acompanhamento e*

---
[9] PMI – Project Management Institute.

Controle). Nesta etapa, pode-se constatar a necessidade de voltar à etapa 1, para efetuar algum diagnóstico específico ou voltar à etapa 2 diretamente, para ajustar o plano. Observe na Figura 1 que na etapa 4 pode ser tomada a decisão de ir à etapa 5 (*Finalização*). Isto ocorrerá se os objetivos tiverem sido alcançados plenamente; neste caso, podem ser feitos os registros apropriados dos resultados obtidos.

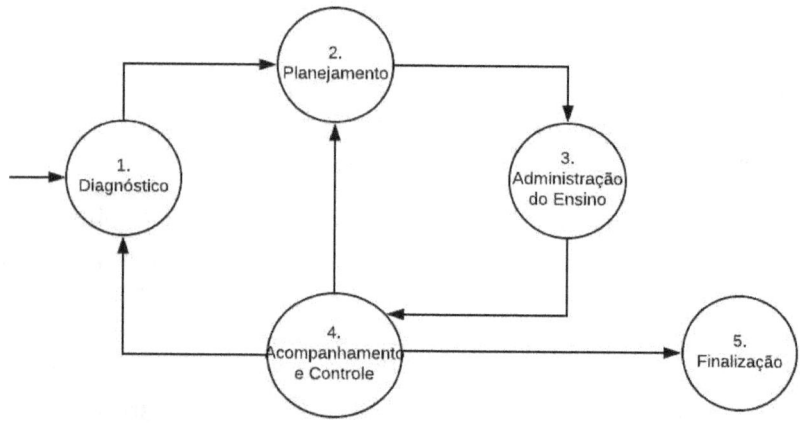

Figura 1. Etapas do ciclo docente (adaptado de Piletti, 2000, p. 44).

Veja a seguir um detalhamento de cada etapa.

3.1 PRIMEIRA ETAPA: DIAGNÓSTICO

Esta etapa consiste na coleta de informações acerca da atividade a ser desenvolvida. Se o objetivo é ministrar uma disciplina para dada turma de alunos, recolher informações a respeito da disciplina e dos alunos da turma.

Primeiramente, diagnostica-se a situação, com base nos dados da disciplina a ser ministrada, no levantamento de todos os recursos disponíveis para uso, nas informações dos alunos da turma, com os resultados do período anterior.

3.2 SEGUNDA ETAPA: PLANEJAMENTO

Esta etapa consiste na previsão e na programação do trabalho acadêmico que se deseja fazer. Há três níveis de planejamento de ensino: para um curso (Plano de Curso) ou para cada unidade do Plano de Curso (Plano de Unidade) ou para cada parte da unidade (Plano de Aula). O pressuposto aqui é que, para iniciar um curso, elabore-se o plano do curso correspondente; um curso, por sua vez, constitui-se de várias unidades (ou disciplinas): elabora-se um plano específico de cada unidade ou disciplina. Por fim, uma dada unidade ou disciplina desdobra-se em várias aulas: este é o último nível de planejamento: cada aula tem o seu plano específico.

Dada a importância da etapa de planejamento, o Capítulo 5 retoma o assunto, detalhando os três níveis de planejamento mencionados, e associando-os com o planejamento pertinente do escalão superior da instituição de ensino – com a elaboração do plano estratégico ou plano de desenvolvimento institucional, cujo horizonte é de 5 a 10 anos.

Alguns aspectos devem ser considerados na etapa de Planejamento. Para garantir melhor qualidade nas decisões tomadas, é necessário que o docente obtenha informações sobre as atividades desenvolvidas pelos estudantes no período anterior. Informações como disciplinas cursadas, possíveis problemas ocorridos, trabalhos realizados, resultados obtidos. Informações específicas sobre a disciplina a ser ministrada, objetivo geral e objetivos específicos, ementa e programa da disciplina, número de aulas para cada assunto, recursos disponíveis na instituição para uso na atividade docente, como projetores, quadro eletrônico, laboratórios. Ele deve verificar o que está disponível nas salas de aula. Na biblioteca, ele confere o acervo disponível (livros, periódicos) para uso na disciplina (Piletti, 2000).

Com base nestas informações, o docente identifica métodos e procedimentos de ensino que serão aplicados visando garantir melhor compreensão, assimilação, organização e fixação dos conteúdos pelos estudantes; possibilita também que ele identifique os meios a serem utilizados para avaliação da aprendizagem.

3.3 TERCEIRA ETAPA: ADMINISTRAÇÃO DO ENSINO

Nesta fase, o professor executa o que foi planejado. Os procedimentos de ensino previstos são aplicados. Esta atividade exige que o professor oriente os estudantes para que os objetivos propostos sejam atingidos.

Qualquer abordagem com o fim de levar a que o aluno aprenda considera que ele constrói de maneira ativa seu próprio conhecimento – ninguém pode fazer isto por ele – interagindo com o ambiente de aprendizagem, para organizar suas estruturas mentais. O processo de ensino tem influência na assimilação, mas não a determina. Isto significa que o estudante minimamente receptivo à aprendizagem não a recebe passivamente: ele a elabora de alguma maneira novamente, e isto ocorre de forma constante e autônoma. Este é um dos princípios basilares do construtivismo (D´Amore, 2007).

Esta fase requer grande habilidade do professor no sentido de criar um ambiente favorável à aprendizagem. Isto requer despertar a motivação necessária por parte dos estudantes para a atividade proposta. É preciso registrar que, se não houver aprendizagem, o objetivo de ensino não foi alcançado. Como o professor pode saber se não houve aprendizagem? Ouvindo o aluno: pelas perguntas que ele faz, pelas respostas que ele dá às perguntas do professor, pelos exercícios de fixação que podem ser aplicados pelo professor após a aula.

A percepção de que não houve aprendizagem exige que o docente busque outros exemplos ilustrativos, ou adote outra prática para abordar o assunto. Este é um processo iterativo: vai até que a aprendizagem ocorra.

Como citado acima, a construção de um ambiente favorável à aprendizagem passa pela motivação dos participantes do processo de ensino: professor e alunos precisam estar motivados para que ocorra assimilação. Contribuem para a formação desse ambiente: a utilização de métodos e de recursos de ensino.

Neste ponto, o professor leva em conta os quatro tipos de conteúdos que as disciplinas normalmente apresentam: conteúdos factuais, conceitos e princípios, conteúdos procedimentais e conteúdos atitudinais (Zabala, 1998). No Capítulo 9 são abordados com mais detalhes estes quatro tipos de aprendizagem de conteúdos; eles requerem procedimentos e práticas diferentes para ocorrer.

3.4 QUARTA ETAPA: ACOMPANHAMENTO E CONTROLE DO ENSINO

Esta etapa permeia as duas anteriores, principalmente a última. Ela consiste basicamente no acompanhamento constante de cada atividade desenvolvida durante a administração do ensino, para garantir que os resultados obtidos sejam os esperados. Quando isto não ocorre, o professor efetua ajustes nos procedimentos adotados e refaz a atividade, até que os objetivos sejam alcançados.

A etapa de controle engloba as seguintes atividades:

a) *Levantamento de informações*: consiste na obtenção de informações acerca das atividades desenvolvidas, procurando confirmar se houve efetividade – ou seja, se os objetivos propostos foram atingidos;

b) *Diagnóstico*: percebida a falta de efetividade no alcance de dado objetivo depois da execução de alguma prática docente, identifica-se o procedimento de ensino a ser adotado para superar o problema de aprendizagem. Este procedimento é aplicado pelo professor. Como afirmado acima, uma de suas preocupações principais é a criação de ambiente favorável à aprendizagem, em que os estudantes se sintam livres para manifestar-se se algo não vai bem, para perguntar quando não entendem uma explicação, e comprometam-se com a execução das atividades propostas e com seu próprio aprendizado;

c) *Avaliação de aprendizagem*: consiste na aplicação de instrumentos que possibilitem confirmar se houve assimilação pelos estudantes do conteúdo de cada plano de aula, expresso por meio de transformações operadas no raciocínio, na linguagem adotada e nas atitudes diante de situações e problemas que envolvam o assunto tratado (Piletti, 2000).

3.5 QUINTA ETAPA: FINALIZAÇÃO

Esta etapa consiste em encerrar formalmente o ciclo docente. Com frequência, ela é ignorada em sua amplitude, limitando-se o professor a fazer os lançamentos de notas ou de conceitos das avaliações somativas realizadas.

Há muito mais a fazer, porém: revisão final do plano de ensino administrado, registro das lições aprendidas com a administração do plano (técnicas e métodos que foram experimentados, decisões tomadas, práticas que devem ser mantidas ou abolidas em ciclos docentes futuros, registro e divulgação desses resultados, de modo que não só o professor que os observou beneficie-se dessas informações).

No PMI, o relatório produzido nesta etapa é chamado de *postmortem* (pós-morte ou pós-conclusão do ciclo docente).

3.6 TEXTO PARA REFLEXÃO: *GRANDE FRUSTRAÇÃO*

Escrevi o texto abaixo com o objetivo de contar uma grande frustração por que passei como professor. Para extrair ensinamentos da experiência, eu a relato. O texto foi retirado de meu livro "Outros Casos e Percepções"; FURTADO, A. B. Belém: abfurtado.com.br, 2018. Leia-o. No fim, há algumas questões para responder.

Uma das maiores frustrações que tive como professor ocorreu em um curso de pós-graduação fora do estado para a área de pedagogia, para o qual fui convidado para ministrar tópico acerca de planejamento estratégico. Eu já havia desenvolvido treinamento semelhante algumas vezes em ambientes empresariais; porém, não tinha experiência de ministrá-lo para pedagogos.

A previsão era desenvolver o tópico em 10 horas de um sábado: pela manhã (8-12h), à tarde (14-18h) e à noite (18:30-20:30h). Turma de cerca de 120 estudantes.

Em cognição rápida (recorrendo à expressão usada pelo juiz Sérgio Moro), programei a parte da manhã com a apresentação da metodologia de planejamento estratégico que eu empregaria. Na parte da tarde, grupos de 10 alunos trabalhariam em um plano estratégico que escolhessem fazer (para a escola ou para alguma empresa em que trabalhassem), aplicando a metodologia ensinada. Na parte da noite, haveria a exposição dos planos elaborados pelas equipes e síntese dos assuntos abordados e avaliação final dos trabalhos desenvolvidos durante o dia.

Parti para a execução do que tinha planejado. Apresentei a metodologia na parte da manhã. Dado o número de alunos, não tive qualquer contato prévio com eles. Houve uma ou outra interrupção para pergunta pelos discentes. Eu procurava ser breve nas respostas para dar conta do que tinha planejado.

Assim, consegui executar o plano no tempo previsto. Fomos para o almoço com o compromisso de retomar às 14 horas.

No reinício à tarde, fiz breve explanação sobre o que tinha apresentado na manhã e expus o que seria o trabalho neste segundo período. Sugeri que formassem doze equipes de dez participantes e trabalhassem para aplicar a metodologia apresentada para a realidade que quisessem retratar.

As doze equipes foram formadas e distribuídas no auditório. Decorridas duas horas, eu passei em cada mesa para fazer uma apreciação do trabalho desenvolvido pelo grupo até aquele momento.

Foi quando percebi que minha exposição matutina tinha sido infrutífera: dos doze grupos, somente dois se aproximaram do que seria o trabalho pedido. Portanto, o número de alunos que tinha entendido minha mensagem era desprezível.

Para poder finalizar o seminário tive que fazer uma exposição breve dos pontos essenciais da metodologia, com esclarecimentos complementares para garantir a aprendizagem esperada. Só então os trabalhos em equipe foram retomados. E, assim, pudemos caminhar para o encerramento com a assimilação próxima do nível desejado.

Refleti bastante depois desta experiência para extrair ensinamentos do caso. Que erros eu cometi? Primeiramente, não ter tido nenhum contato prévio com os alunos e não ter procurado obter informações sobre eles, para, em face do seu perfil, ajustar a linguagem e os exemplos empregados para este público particular. Em segundo lugar, procurar manter interação mais intensa com os estudantes durante minha exposição. Com base nas informações recolhidas, eu poderia ter escolhido as práticas docentes mais adequadas para a ocasião.

Não foi este episódio que me trouxe o convencimento de que aula é interação. Isto eu já sabia. Apenas, dado o número de participantes, tentei seguir o caminho mais curto, e acreditei que conseguiria tornar o assunto compreensível, sem mudar meus exemplos. O fracasso me fez entender que, nas condições postas, eu teria que trabalhar mais no período anterior ao seminário, adequando os exemplos, fornecendo material prévio aos participantes, adotando prática docente aplicável para grandes grupos.

QUESTÕES SOBRE O TEXTO ACIMA:

1) Com base na descrição apresentada, que erros o autor cometeu para obter o resultado pífio que teve?

2) Diante de situação semelhante, como você agiria? Quais os cuidados que você tomaria para evitar o problema de comunicação?

3) Como agir quando não se dispõe de informações prévias sobre os participantes de curso ou disciplina?

4) Como explicar o insucesso havido se antes o mesmo curso tinha obtido excelentes avaliações de outras clientelas?

5) O autor menciona que "aula é interação". Quais os argumentos que justificariam tal afirmação?

6) Que fazer quando não dá para interagir com os estudantes sob pena, por exemplo, de não cumprir toda a programação estabelecida?

7) Que lhe parece a experiência relatada? Que pontos você poderia destacar do que é relatado?

8) No penúltimo parágrafo no texto, eu relaciono erros que cometi. Que outros cuidados você recomendaria para o caso?

9) Como atenuar problemas decorrentes de pouca interação com os estudantes de uma turma?

4. EDUCAÇÃO EM DIFERENTES CONTEXTOS

> "A preguiça e a covardia são as causas pelas quais uma parte tão grande dos homens (...) compraz-se em permanecer, por toda sua vida, menores; e é por isso que é tão fácil a outros instituírem-se seus tutores".
> Immanuel Kant (filósofo prussiano, 1724-1804)

Neste Capítulo, são listados alguns desafios por que passa a Educação no momento atual, caracterizado pelo processo de globalização de mercados, pelo impacto de tecnologias que reduzem os quadros de pessoal das organizações. A computação tem papel importante quanto a isso pelo impacto que acarretou em todas as áreas de conhecimento: a automação de processos empresariais, a robotização, a nanotecnologia, a inteligência artificial, dentre outras.

Portanto, há este desafio de mudanças frequentes e de ciclo cada vez mais rápido. Não temos sabido responder a estas questões, adequadamente.

É o que se constata com o que é reportado na imprensa a respeito das avaliações feitas nos diferentes níveis de ensino.

Por fim, são descritos processos de ensino e de aprendizagem, com elementos que podem ser incluídos nos procedimentos adotados pelos professores, para responder de forma apropriada aos desafios do nosso tempo.

4.1 DESAFIOS DA EDUCAÇÃO ATUAL

A sociedade democrática exige que o processo educacional seja resultado de discussões que envolvam a participação de todos os seus segmentos, com a contraposição de variados interesses e a negociação política necessária para a solução dos conflitos porventura existentes (Brasil, 1997).

A despeito dos avanços registrados nos últimos anos, há ainda grandes disparidades regionais e de distribuição de renda no País. Isto constitui entrave para que parte da população faça valer seus direitos fundamentais. Neste contexto, cabe ao governo garantir que estas diferenças sejam diminuídas. O investimento na escola, na universidade, com a garantia de acesso à educação de qualidade a todos, é uma das formas de superação destes problemas.

A educação de qualidade propugnada é aquela

> adequada às necessidades sociais, políticas, econômicas e culturais da realidade brasileira, que considere os interesses e as motivações dos alunos e garanta as aprendizagens essenciais para a formação de cidadãos autônomos, críticos e participativos, capazes de atuar com competência, dignidade e responsabilidade na sociedade em que vivem (Brasil, 1997, p. 24).

O exercício da cidadania exige o domínio da língua falada e escrita, o conhecimento de matemática para o cotidiano e para a percepção do mundo, para a fruição[10] da arte e da estética, e para tantas outras exigências do mundo contemporâneo (Brasil, 1997).

As discussões sobre a dignidade do ser humano, a igualdade de direitos, a rejeição de toda forma de discriminação, a importância da solidariedade e do respeito são temas para abordagem recorrente na escola, visando à interiorização pelos estudantes (Brasil, 1997).

Para que isto se cumpra, é uma exigência que o professor domine os recursos tecnológicos, para explorar nas suas aulas plenamente as potencialidades da multimídia e possibilitar o acesso ao acervo disponível de conhecimentos, para auxiliá-lo no seu trabalho.

---

[10] Ato de aproveitar satisfatória e prazerosamente alguma coisa.

Portanto, na conjuntura atual, a

> educação assume a função de um dos fatores positivos em termos de conduzir o crescimento econômico no rumo da melhoria da qualidade de vida e da consolidação da democracia. A nova realidade econômica é cada vez mais sensível a atributos educativos como visão de conjunto, autonomia, iniciativa, capacidade de resolver problemas, flexibilidade (Demo, 2009, p. 24).

Assim, a educação deve assegurar "domínio dos códigos instrumentais da linguagem e da matemática...", para garantir as habilidades de pensamento analítico e abstrato, saber tratar situações novas e solucionar problemas, como também deve permitir desenvolver capacidade de liderança, de comunicação e de autonomia no trabalho (Demo, 2009, p. 24). A educação deve desenvolver também atitude de pesquisa e capacidade de elaboração própria.

Por sua vez, na educação básica deve-se desenvolver a "estratégia do aprender a aprender[11], saber pensar, compreender a realidade globalmente, avaliar processos sociais e produtivos, discutir e realizar qualidade da cidadania e produção" (Demo, 2009, p. 85), ao mesmo tempo em que se busca a "atualização constante".

Há atualização constante nos conteúdos com o avanço científico. Por isso, é tão importante a estratégia de aprender a aprender, aprender a pesquisar, aprender a elaborar, atitudes estas necessárias para a vida toda (Furtado, 2014).

---

[11] *Há críticos acerbos a quem valoriza o "aprender a aprender"; estes críticos apontam a tentativa de aproximar as ideias vygotskianas das ideias neoliberais. Duarte (2000, 2003) é um destes; ele afirma que o "aprender a aprender" leva à pedagogia que desvaloriza a transmissão do saber objetivo, diminui o papel da escola nesta tarefa, diminui a importância do professor e atende a proposta educacional que prega a formação de indivíduos que se adaptem às atuais formas de trabalho flexível exigidas pelo mercado, caracterizadas pelo conhecimento técnico, sem necessidade de domínio de conhecimentos universais.*

Portanto, o sistema educacional precisa organizar-se para garantir a aprendizagem permanente. A escola dedicada a transmitir informação, incentivar a retenção e a reprodução de informação não tem espaço na era digital. Posto que a informação esteja disponível e seja acessível a todos, são exigidos os seguintes saberes: saber processar, saber reconstruir, saber organizar, saber utilizar a informação de forma crítica e criativa para resolver problemas complexos (Gómez, 2013).

Gómez (2013) aponta três competências básicas, que são válidas para todos os estudantes: 1) a capacidade de utilizar de forma crítica e criativa o conhecimento disponível, 2) a capacidade de colaborar e conviver em sociedades (mais e mais) heterogêneas, e 3) a capacidade de desenvolver-se autonomamente, ou seja, a capacidade (já referida) de "aprender a aprender" (Furtado, 2014).

Outro desafio posto para a Educação decorre do desenvolvimento tecnológico, propiciado, por exemplo, pela convergência tecnológica (Microeletrônica, Computação e Comunicação). As tecnologias digitais estão aí. É realidade. O desafio para os educadores é encontrar formas de aproveitá-la na educação convenientemente, para maximizar seus resultados, se possível (Furtado, 2014).

Outro desafio posto para a Educação é a nova economia – a economia digital – que já se encontra consolidada. Esta economia caracteriza-se pela não escassez – diferentemente da economia tradicional. O conhecimento – produto básico da nova economia – quanto mais é usado, quanto mais se fazem análises, projeções e tendências, paradoxalmente, mais conhecimento é gerado. Daí a importância de se aprender a analisar, refletir, assimilar, relacionar, criticar, para gerar conhecimento. Com a profusão de informações disponíveis na rede, mais valiosos são os conhecimentos que possibilitam destacar a informação relevante da dispensável. E as tecnologias digitais são fundamentais para alcançar este objetivo (Furtado, 2014).

4.2 RESULTADOS DA EDUCAÇÃO VISTOS NA IMPRENSA

Com regularidade a imprensa noticia dados de relatórios de instituições nacionais e internacionais, que apontam resultados negativos sobre a área de Educação. Quando há algum resultado positivo, quase sempre se trata de caso isolado.

Como exemplo, Furtado (2014) cita manchete do jornal O GLOBO de 2/9/2012: "Só 17% terminam o fundamental com domínio da Matemática" - com base em dados do INEP, os jornalistas Antônio Gois e Demétrio Weber noticiam que o percentual de estudantes com conhecimento considerado adequado em Matemática é de apenas 17% e em Língua Portuguesa, de 27%.

Um resultado mais recente, para efeito de comparação, também nada animador: em artigo intitulado "Devagar, quase parando" (*Veja*, ed. 2598, 05/9/2018): Vieira (2018) noticia que os dados extraídos da Prova Brasil, divulgados pelo MEC em 30/8/2018, com resultados de teste de Matemática e Língua Portuguesa com estudantes no 5º e no 9º ano do ensino fundamental e no 3º ano do ensino médio foram os seguintes: em matemática, apenas 5% dos estudantes mostraram ter o conhecimento esperado para a série que estão cursando; 95% oscilam entre o nível básico (precisa de recuperação) e insuficiente (o estudante precisa passar por intervenção pedagógica). O resultado da prova de português foi até pior: apenas 1,7% ficaram na faixa adequada. Confrontando com aqueles dados de 2012, percebe-se que os resultados pioraram.

Os exemplos de dados negativos divulgados são inúmeros, a despeito de todos os investimentos em Educação realizados pelo Governo Brasileiro.

Sobram mazelas para as várias instâncias envolvidas na Educação. Mesmo entre os professores, há aqueles que não prezam sua profissão. Como afirma Werneck (2009, p. 20):

> Geralmente quando o professor finge que ensina, e, depois, nada exige, os alunos fingem que aprendem e nada falam. Quando, porém, não se leciona e se exige depois um grau de dificuldade incompatível, os alunos, fingindo-se de interessados, procuram a direção, reclamam do mau desempenho do professor e desejam da escola uma satisfação para melhorar o nível.

A próxima Seção contém a descrição dos processos de ensino e de aprendizagem propostos por Luckesi (2011), por Demo (2008) e pelo autor.

Tendo como base as três propostas, o professor pode estruturar os seus processos particulares. Pode-se observar que, com a execução de qualquer desses processos, as habilidades e as competências mencionadas na *Introdução* são desenvolvidas de alguma forma.

4.3 PROCESSO DE ENSINO E DE APRENDIZAGEM

Luckesi (2011) apresenta um processo de ensino e de aprendizagem que pode ser executado pelo professor, constituído pelas seguintes etapas: 1) Exposição inteligível; 2) Assimilação; 3) Exercitação; 4) Aplicação; 5) Recriação; e, por fim, 6) Criação. Sobre os passos listados, pode-se acrescentar:

1) Exposição inteligível: cabe ao educador a tarefa, com o educando, frequentemente, ficando em posição passiva;
2) Assimilação: presume-se que ocorra concomitantemente ou posteriormente à exposição, em que se espera que o educando tenha participação ativa; o educador é menos ativo nesta etapa;
3) Exercitação: educando plenamente ativo, ainda que de modo repetido, para apropriar-se do conteúdo assimilado;

educador a postos para atender eventuais questionamentos;

4) Aplicação: educando plenamente ativo para experimentar a aplicação do conteúdo no ambiente que o cerca ou nas situações que puder propor ou que lhe forem submetidas; educador a postos para atender eventuais questionamentos;

5) Recriação: educando plenamente ativo, amparado pela habilidade que as aplicações proporcionaram, ele está apto a recriar o conteúdo aprendido; educador permanece menos ativo, reorientando, se necessário;

6) Criação: fase de plena autonomia do educando, em que pode exercitar sua criatividade para criar sobre o conteúdo ou em torno dele; nesta etapa, o educando também é plenamente ativo; educador a postos para orientação.

Seguindo esta ordem lógica (mas que nem sempre é obedecida linearmente), o professor parte de maior para menor atividade, ocorrendo o contrário com o educando, caminhando da dependência para a autonomia.

O processo de ensino do docente deve ser multifocal: o conjunto de atividades a serem desenvolvidas pelos estudantes deve levar ao alcance de vários objetivos. Alguns deles são transversais (ou seja, são comuns a todas as disciplinas do curso). Por exemplo, a habilidade de comunicação escrita e oral, a capacidade de realizar, com autonomia, investigação para obtenção de informações a respeito de dado assunto, a capacidade de argumentar e de contra-argumentar, a capacidade de crítica e a capacidade de abstração, dentre outras. Demo (2008) relaciona os seguintes como pontos importantes para a aprendizagem adequada:

a) *Autoria*: é desejável que a abordagem pedagógica envolva a elaboração de um trabalho (pode ser um projeto, pode ser um texto, pode ser a solução de um problema), que não se resuma em reproduzir conhecimento, mas, preferencialmente, de reconstruí-lo, tendo em conta a realidade retratada;

b) *Pesquisa*: dado que os problemas sejam buscados na realidade do discente, há necessidade de coletar dados a respeito dela em todas as fontes existentes; é inevitável familiarizar-se com a área de conhecimento em questão. E mais: buscar identificar o que é relevante e o que deve ser descartado desta realidade.

c) *Elaboração*: a capacidade de desenvolver o trabalho envolve etapas que vão da coleta de dados, exercício da abstração, resolução numérica e analítica do problema, validação da solução proposta e, dependendo dos testes realizados com dados experimentais e com a própria realidade retratada, ajustar o modelo proposto com possíveis simplificações ou acréscimos de variáveis, até a finalização do processo. Isto possibilita considerável capacidade de elaboração para o estudante.

d) *Leitura Sistemática*: é pressuposto do processo de ensino e de aprendizagem que envolve a elaboração e a execução de projetos a obtenção de dados acerca da realidade a ser retratada e o domínio do conhecimento associado; isto pode ser feito por técnicas de coleta como entrevistas, questionários, observação (etnografia), e, também, fundamentalmente, por meio de leitura a respeito da área em questão, de modo a obter o embasamento necessário para elaboração e execução do projeto.

e) *Argumentação e Contra-argumentação*: hipóteses vão ser sugeridas e descartadas; a capacidade de argumentar e contra-argumentar são exercitadas em todo momento. Partindo do jeito particular de ser de cada indivíduo é que se estabelece a fluência da argumentação e da contra-argumentação, superando enfoques absolutistas. A percepção diferente concebida como fecunda e positiva encerra "a essência do processo educativo: o diálogo, a compreensão do outro, a solidariedade na produção do saber. O diferente do outro representando o desafio à convivência social, à confrontação de hipóteses, à consistência de argumentação para a produção do saber e a transformação da sociedade" (Hoffmann, 1998, p. 25).

f) *Fundamentação*: nenhuma hipótese elencada para formulação do projeto é definitiva; ao sugerir, cabe ao estudante fundamentá-la adequadamente para ser acatada.

g) *Aprendizagem como Hábito*: o processo de ensino e de aprendizagem que envolve elaboração e execução de projeto pressupõe multidisciplinaridade: é inevitável a exigência de aprendizagem permanente, pois os problemas que se apresentam na prática não são estanques e o inter-relacionamento de disciplinas é real. Daí que a aprendizagem deve constituir-se hábito para o estudante: assim ele se habilita cada vez mais para tratar a multidisciplinaridade.

O ponto a considerar aqui é que o conjunto de escolhas de práticas didáticas pelo professor, no fim, possibilite: 1) que os objetivos da disciplina em questão sejam alcançados; 2) que estes pontos para a aprendizagem adequada, relacionados por Demo (2008), sejam desenvolvidos de alguma forma.

4.4 ABORDAGEM DE ENSINO E APRENDIZAGEM DO AUTOR

Depois de quatro décadas de aulas, cheguei à seguinte estrutura de ensino e aprendizagem para as disciplinas que ministro. Esta abordagem é trazida com o objetivo de possibilitar análise e avaliação do leitor.

Em que pilares minha prática didática se assenta? Primeiro pilar: texto próprio de cada disciplina (evolucionário, melhorado continuamente, a cada nova oferta da disciplina), com roteiro completo (base teórica) de todo o conteúdo programático, bibliografia, exercícios de fixação, exercícios propostos, provas anteriores, detalhamento de projetos previstos para desenvolvimento, práticas didáticas a serem adotadas (exposição rápida, gincana, método de projeto, redação de artigo, dentre outras); itens de avalição que vão compor o conceito final da disciplina, quantidade de provas e datas de realização.

Segundo pilar: centrar a aula na interação professor-estudante, estudante-estudante. De que forma? Incentivando as perguntas dos alunos, fazendo perguntas para eles, preparando exercícios de fixação cobrindo os assuntos tratados; estes exercícios são respondidos em sala ou trazidos para apresentação.

Terceiro pilar: tornar compreensível a importância do conteúdo a ser estudado (a seguinte pergunta é respondida: por que é importante estudar esta disciplina?). Vincular o conteúdo à sua utilização posterior, com destaque para artefatos que poderão ser produzidos, para preparação para exames em que tal conteúdo seja exigido.

Quarto pilar: enfatizar a avaliação processual; terminada a exposição de dado assunto, independentemente da prática didática adotada, verificar se houve aprendizagem. Aqui entra uma das formas de realizar a avaliação processual, para confirmar a aprendizagem; caso não tenha ocorrido, o docente tem chance de fazer as correções necessárias. De que forma? Adotando outra prática didática, ou com outros exemplos. Fazer avaliação somativa (aquela que produz notas ou conceitos para o registro no histórico escolar) só quando não houver mais prazo.

Quinto pilar: exposição rápida. Propósito: participação, possibilidade de escapar dos tópicos constantes do programa, desenvolver habilidade de comunicação oral, habilidade de síntese, habilidade de argumentação e contra-argumentação. Esta abordagem é descrita no Capítulo 7.

Sexto pilar: produção de textos acadêmicos (detalhamento de projetos e artigos acadêmicos), em que são desenvolvidas e avaliadas as capacidades de redação do estudante. Ao mesmo tempo, exigem-se leitura e observância de normas para fazer citações e referências de obras.

Com relação ao material didático, como afirmado acima, a preferência é por texto próprio para a disciplina, especialmente preparado para a ocasião. Serve de roteiro para as aulas.

Conceito explorado nas primeiras páginas do material didático: "contrato didático" – conceito formulado por Guy Brousseau (educador matemático francês, 1933-), que consiste na explicitação das expectativas de parte a parte – professor em relação aos alunos e dos alunos em relação ao professor – no início do processo de ensino e do processo de aprendizagem, de modo a não haver nenhum ruído que prejudique os dois processos.

Para o nível da sala de aula, Pais (2008) afirma que o contrato didático define as obrigações mais imediatas, e recíprocas, que se estabelecem entre o professor e os alunos.

ESTRATÉGIAS DE ENSINO

Diferentes abordagens são adotadas nas aulas. O objetivo é fazer com que cada aula seja distinta da seguinte em termos de procedimentos empregados. Busca-se a atratividade pela variedade de procedimentos, evitando uma forma rotineira. Se uma aula foi expositiva, a seguinte teria debate ou discussão de projeto ou exercícios de fixação. Sem improvisos. Os alunos são avisados da abordagem a ser adotada na aula anterior. Isto requer mais trabalho do professor.

A abordagem de ensino é variada: estão previstas aulas expositivas para apresentação inicial pelo docente do assunto a ser trabalhado; apresentação de pequenos filmes (seguida de debates); sessões para relato de experiências e de propostas de trabalho, seguidas de avaliação pelo professor e pelos alunos não envolvidos no trabalho; estes respondem os questionamentos feitos. Estão previstos seminários para que os grupos de discentes apresentem seus projetos/artigos.

SISTEMA DE AVALIAÇÃO

A avaliação é feita com base nos trabalhos desenvolvidos (redação de projeto/artigo/apresentação de seminários). Estão previstas as seguintes formas de avaliação: formativa[12], recursiva[13] e somativa[14]; há três momentos em que projetos e artigos elaborados pelos alunos são submetidos para avaliação do professor: uma primeira etapa, que consiste na apresentação da ideia inicial do projeto/artigo; um segundo momento para avaliação do desenvolvimento (pelo menos 70% pronto) e, por fim, a avaliação da forma final do projeto/artigo.

ENTREGA DE TRABALHOS

1) *Projeto – trabalho em equipe (até 4 participantes):* a entrega do projeto em sua versão inicial será na 30ª aula; a entrega final do projeto será no dia dd/mm/aaaa (enviar para abf@ufpa.br);

Justificativa: o treinamento do estudante para participação no planejamento e execução de projetos, fazendo parte de uma equipe, com tudo o que esta participação propicia em termos de aprendizagem: interação aluno-aluno, interação aluno-professor, comunicação oral

---

[12]*Avaliação formativa*: aquela que ocorre durante a aprendizagem; se dá por meio da interação entre aluno e professor; outro assunto só é tratado depois que as dúvidas tiverem sido sanadas sobre o atual. Recebe este nome porque proporciona "formação";

[13] *Avaliação recursiva*: outro nome para avaliação formativa. Interação ocorre entre professor e aluno até que haja a compreensão do assunto abordado; havendo necessidade, o professor reformula seus procedimentos didáticos.

[14] *Avaliação somativa*: aquela realizada no fim do período de aulas para obter os resultados que serão lançados nos registros acadêmicos; não há mais tempo para aprendizagem se ela não ocorreu (o conceito será atribuído com base no que o estudante obteve na prova ou mereceu pelo trabalho entregue).

e escrita, capacidade de argumentação e contra-argumentação. Além disso, é parte importante para sua inserção profissional, preparando-o para atividade comum realizada nas empresas.

2) *Redação de Artigo (individual):* a entrega do artigo para avaliação inicial ocorrerá na 30ª aula; a entrega da versão final do artigo será no dia dd/mm/aaaa (enviar para abf@ufpa.br);

Justificativa: a habilidade de redação de textos acadêmicos é o que se procura desenvolver aqui. São exigidas habilidades de concisão, precisão, respeito a normas de elaboração quanto à formatação e quanto à identificação correta das fontes de pesquisa utilizadas, não ambiguidade, formalismo, dentre outras.

3) *Exposição Rápida (individual):* em cada aula dois alunos são selecionados para trazer na aula seguinte alguma contribuição para expor para a turma em até 5 minutos – o conteúdo pode ser a exposição de uma técnica, ou de uma ferramenta, ou de um artigo acerca de assunto relacionado à ementa da disciplina; como o tempo de exposição é limitado, o assunto deve ser exposto resumidamente, enfatizando as ideias principais, devendo-se evitar a leitura de textos; o expositor deve estar preparado para responder perguntas a respeito do assunto.

Observação: Em conformidade com a Portaria MEC nº 1.134, de 10/10/2016 (que determina que até 20% das atividades dos cursos superiores presenciais podem ser na modalidade a distância), eventualmente alguma aula será substituída por atividade a distância, em especial as destinadas à avaliação de trabalhos e artigos.

Estão previstas as formas de avaliação formativa, recursiva e somativa (citadas na seção "Sistema de Avaliação"), visto que haverá três momentos para submissão do plano de projeto de software e do artigo: a primeira submissão para avaliação inicial, a segunda com 70% pronto, e depois a entrega final.

A avaliação final da disciplina é feita a partir dos seguintes pontos: 1) frequência às aulas (lembrar que há reprovação por falta para quem faltar mais que 25% das atividades previstas); 2) uma prova em sala; 3) elaboração de projeto – (exemplo) Plano Estratégico; 3) submissão de artigo acerca de tópico do conteúdo programático; 4) participação nas aulas.

PLANO ESTRATÉGICO [Opções da turma: ICEN ou CTIC ou alguma Faculdade do ICEN (exceto a Faculdade de Computação) ou de EMPRESA QUALQUER, à escolha da equipe. Trabalho pode ser elaborado por até 4 alunos. O documento deve obedecer modelo a ser apresentado durante as aulas.

Frequência Mínima: 75% (5 faltas a aulas de 4horas-aula no máximo para disciplina de 68h). Pontuação para frequência: [0]: 10 pts.; [1-2]: 8pts.; [3]: 6 pts.; [4]: 4 pts.; [5-]: REPROVADO POR FALTA.

OBS.: para a disciplina de 34h (do CBSI), o número de faltas no máximo é 4 faltas; pontuação para frequência neste caso: [0]: 10 pts.; [1-2]: 8pts.; [3]: 6 pts.; [4]: 4 pts.; [5-]: REPROVADO POR FALTA.

CONCEITO FINAL NA DISCIPLINA:
A nota final será obtida da seguinte maneira:

$$NOTA-FINAL = \frac{PROVA*4 + \left[\frac{PROJETO + PARTICIPAÇÃO}{2}\right]*4 + FREQ*2}{10}$$

Calculada a nota final (fórmula anterior), o conceito final será obtido da seguinte maneira:
CONCEITO-FINAL: INS <5; 5<=REG<=7,5; 7,5<BOM<=9; 9<EXC<=10.

4.5 QUESTÃO PROPOSTA

Com base nas três propostas de abordagem de ensino e de aprendizagem (Luckesi, Demo e Furtado), escreva um texto com sua abordagem de ensino com vista à aprendizagem em Psicologia. O proposto pode constituir-se em seu processo particular de ensino e de aprendizagem em Psicologia, já que cada professor pode ter o seu (a prescrição não é adequada também na docência em vista de suas peculiaridades). A principal delas é que cada turma formada é única, já que é o somatório de individualidades, razão por que não caberia um processo genérico de ensino. Cabe sempre ao professor ajustar o seu receituário de práticas docentes para cada grupo particular de estudantes.

4.6 TEXTOS PARA REFLEXÃO

4.6.1 TEXTO 1: *PRESCRIÇÃO NA PEDAGOGIA*

Extraído de FURTADO, A. B. "*Casos e Percepções de um Professor*". Belém: abfurtado.com.br, 2016.

A autonomia do professor é sagrada. Nada de receita, nada de prescrição!

De um lado, cada pessoa é única. Reunidas, formando uma turma de estudantes, não há como ocorrer homogeneidade!

A grande dificuldade do trabalho do professor reside neste fato: encontrar uma forma capaz de atenuar as diferenças naturais entre os estudantes. Como consequência disto, por óbvio, qualquer prescrição é descabida.

A avaliação diagnóstica permite identificar, para cada estudante, dificuldades, lacunas de aprendizagem, conhecimento internalizado. Com base nestes dados, o professor ajusta a prática docente apropriada para a turma.

4.6.2 TEXTO 5: *RARIDADE PROFISSIONAL*

Extraído de FURTADO, A. B. *"Outros Casos e Percepções"*. Belém: abfurtado.com.br, 2018.

Professor é uma das poucas ocupações em que ocorre isto com frequência: os clientes ficam contentes quando, por alguma razão, a profissão não é exercida. Basta ver as reações dos estudantes quando são avisados de que não haverá aula: vibração total! De alegria!

O Capítulo seguinte contempla o planejamento de ensino com abordagem sistêmica, desde o nível institucional, passando pelo nível gerencial, até o nível operacional, chegando ao estágio que cabe ao professor – planejamento de curso, planejamento de unidade, planejamento de aula.

5. PLANEJAMENTO DE ENSINO

> *"Não se gerencia o que não se mede, não se mede o que não se define, não se define o que não se entende, não há sucesso no que não se gerencia".*
> William Edwards Deming (estatístico americano, professor, 1900-1993)

A importância do planejamento para qualquer empreendimento humano é dada pela abrangência, pela complexidade do que se pretende alcançar. Como o alvo é algo que não se tem no momento, o plano criado na ação de planejar vai determinar os passos do cotidiano que levem a ele.

Para realçar adequadamente a importância do planejamento, é conveniente situá-lo dentro da organização. A organização aqui referida pode ser uma escola, uma universidade, uma empresa comercial. O administrador cuida de uma organização, no seu todo ou em parte dela. Por meio de recursos como conhecimento, pessoas que atuam nela, dinheiro, tecnologia, informação, as organizações realizam tarefas – seus fins – contando com o trabalho coletivo de seu pessoal (Chiavenato, 1999).

Chiavenato (1999) define organização como uma entidade social composta de pessoas que trabalham juntas, de maneira articulada, organizada em uma divisão de trabalho, para atingir a missão organizacional.

São reconhecidos três níveis organizacionais, qualquer que seja o tamanho da organização: 1) nível estratégico, institucional; 2) nível intermediário, gerencial, tático; 3) nível operacional. O papel do administrador (gerente ou gestor) é diferente em cada um destes níveis (Chiavenato, 1999).

5.1 NÍVEL ESTRATÉGICO, INSTITUCIONAL

É o nível mais elevado da organização. Se a organização é uma universidade, este nível é constituído pelo reitor, vice-reitor, pró-reitores. Grandes organizações, como as universidades, contam com Conselhos (Conselho de Administração, Conselho de Ensino e Pesquisa), que determinam o que o reitor e os diretores dos institutos devem fazer. É responsável pela definição do futuro da organização como um todo.

5.2 NÍVEL INTERMEDIÁRIO, GERENCIAL, TÁTICO

É o nível que faz a articulação entre o nível estratégico e o nível operacional. É ocupado pelos gerentes. Interpreta a missão e os objetivos fundamentais da organização, traduzindo-os em ações cotidianas para o nível operacional. Neste nível, são definidas as táticas que colocarão em execução as estratégias estabelecidas pelo nível institucional.

5.3 NÍVEL OPERACIONAL

É o nível mais baixo da organização. É a base inferior do seu organograma. É o nível encarregado de executar as tarefas cotidianas da organização. Nesse nível, o administrador deve possuir visão operacional – ele faz a supervisão de primeira linha da organização –, pois tem contato com a execução ou a operação das tarefas e atividades rotineiras da organização.

Portanto, uma organização funciona com integração das ações, buscando-se evitar duplicidade de processos, como forma de racionalizar a utilização dos recursos institucionais.

É natural que o planejamento estratégico seja realizado (e aprovado) pela alta administração da organização. As demais instâncias se encarregam de concretizar o plano estratégico. Este plano estabelece o desenvolvimento pretendido pela organização para um horizonte de 5 a 10 anos. Todo o pessoal da organização, em todas as instâncias, deve ser mobilizado para sua realização.

Por que isto é posto aqui? Ora, os planos elaborados nas instâncias inferiores devem estar sintonizados com o plano estratégico da instituição. Quer dizer: devem contemplar a mobilização de esforços para atingir as metas nele contidas. Ao fazer planejamento de curso, de unidade, de aula, não se pode ignorar o que dispõe, não só a missão, como a visão de futuro institucional.

E para que os planos tenham consequência, ou seja, que eles sejam realizados, as instâncias superiores acompanham e controlam as metas estabelecidas para os níveis inferiores, até chegar à ponta – em cada curso, em cada unidade temática, em cada disciplina ministrada na instituição.

A perspectiva gerencial adotada aqui é a contemplada nos documentos do *Project Management Institute* (Instituto de Gestão de Projetos) – PMI, com os ajustes cabíveis para a área de educação.

No Capítulo 3 foi descrito o Ciclo do Trabalho Docente, constituído das seguintes etapas: Diagnóstico, Planejamento, Administração do Ensino, Acompanhamento e Controle e Finalização. A seguir, a etapa de planejamento é aprofundada, com a complementação de informações que mostrem como os diferentes planos elaborados no âmbito de uma instituição de ensino se conectam e se integram, até chegar ao plano de atividades desenvolvido pelo professor.

5.4 PROCESSO DE PLANEJAMENTO

Como mostrado no Capítulo 3, planejamento é o processo para determinar um conjunto de procedimentos, de ações, com o propósito de realizar algo complexo. O planejamento tem como resultado um plano elaborado.

O processo de planejamento envolve as seguintes tarefas: delimitação do escopo do plano, definição das ações necessárias para concretizar o que consta do escopo definido, estimativa de recursos necessários; definição da sequência de atividades a serem executadas, estimativa de duração dessas atividades (Heldman, 2006).

Considerando que o plano foi finalizado, e aprovado, inicia a sua execução. Concluída a execução, faz-se avaliação se os objetivos propostos foram atingidos (ou seja, ocorre a avaliação se o escopo foi realizado integralmente).

Por exemplo, no planejamento de ensino de um dado tópico do programa de sua disciplina, o professor delimita o escopo do tópico a ser ensinado (isto significa que ele determina a abrangência do tópico), ele define as ações necessárias para abordar o tópico, ele estima o tempo necessário de cada ação e o recurso a ser utilizado para executá-la. Quando o ensino do tópico for concluído, ele define como avaliará se houve aprendizagem efetivamente. Esta avaliação é chamada formativa ou processual (este assunto é abordado no Capítulo 6).

Durante a execução do plano, o gerente avalia continuamente os resultados de cada etapa; e fica atento a possíveis necessidades de mudanças.

O processo de monitoramento e controle ocorre durante a execução do plano, e seu objetivo é identificar discrepâncias entre o que é executado e o planejado, procurando-se fazer os ajustes necessários. Envolve: análise dos dados de desempenho e tomada de decisão de medidas preventivas ou corretivas necessárias; monitoramento dos riscos do plano (Heldman, 2006).

O processo de encerramento consiste em reunir todos os registros do plano em execução, verificar se estão atualizados. Os registros devem refletir com exatidão os resultados concretos do plano. São elementos necessários para fazer o encerramento de um plano os seguintes: plano de ensino, documentos de desempenho produzidos, artefatos entregues.

Um documento produzido no momento do fechamento de um plano é o que registra as lições aprendidas – é um diário que relata a experiência do gerente do plano, da equipe e demais envolvidos. O objetivo é que outros gerentes aprendam com sua experiência (técnicas e métodos que foram experimentados, decisões tomadas, práticas que devem ser mantidas ou abolidas em planos futuros). Este relatório é também chamado de *post-mortem*. A prática deste processo no ambiente empresarial é comum, mas é fato raro em instituições de ensino a troca de experiências entre professores, seja de uma faculdade ou de um instituto.

5.5 GESTÃO DA QUALIDADE NA EDUCAÇÃO

Esta questão é relevante, em especial na área de Educação. Recorramos a Houaiss & Villar (2009, p. 1584) atrás do significado do termo "qualidade":

> – Propriedade que determina a essência ou a natureza de um ser ou coisa; (I)
> – Característica superior ou atributo distintivo positivo que faz alguém ou algo sobressair em relação a outros (II).

A primeira definição destaca uma propriedade particular de um ser ou uma coisa que determina sua essência; a segunda definição ressalta a qualidade como uma característica superior que faz com que algo ou alguém sobressaia em relação a outros. Com a intenção de aplicar o termo à gestão de ensino, entende-se que cabe ao gerente estabelecer no escopo do plano de ensino a qualidade requerida aos seus resultados. E mais: quanto mais qualidade é exigida, mais recursos o projeto vai requerer. O processo de gestão da qualidade visa, então, garantir que o que for realizado satisfaça as exigências estabelecidas no escopo quanto aos resultados esperados pela instituição.

Presente na indústria há muito tempo, a questão da qualidade na educação ganha cada vez mais força. A frase de Deming posta como epígrafe deste Capítulo sintetiza a preocupação com a gestão, e com tudo o que decorre dela – medição (avaliação), definição precisa dos processos envolvidos, busca da melhoria contínua:

> *"Não se gerencia o que não se mede, não se mede o que não se define, não se define o que não se entende, não há sucesso no que não se gerencia".*
> William Edwards Deming *(estatístico americano, professor, 1900-1993)*

A instituição de ensino precisa ter seus instrumentos próprios de avaliação para descobrir mais cedo suas deficiências, e saná-las rapidamente como ação prioritária. O sistema de avalição da universidade precisa ir do nível institucional até o nível operacional: ou seja, desde o reitor e os pró-reitores, até chegar ao professor e aos alunos, não como atividade opcional, mas como compromisso com a qualidade.

Por essa razão, as técnicas gerenciais associadas ao planejamento e à avaliação precisam ser empregadas como rotina. A seguir, a técnica para análise ambiental é descrita.

5.6 ANÁLISE SWOT

Em razão da importância de se fazer análise ambiental centrada em quatro aspectos relevantes, é descrita abaixo a chamada Análise SWOT, útil para gestores de educação e professores.

O acrônimo SWOT provém das seguintes palavras do inglês: *Strengths* (forças), *Weaknesses* (fraquezas), *Opportunities* (oportunidades) e *Threats* (ameaças).

Análise SWOT é o processo de examinar uma organização ou mesmo um projeto pelo ponto de vista de cada uma das quatro características do acrônimo.

É a técnica básica para fazer análise ambiental. Esta análise é parte do processo de elaboração do Plano Estratégico de uma organização. Com a identificação das forças (S), das fraquezas (W), das oportunidades (O) e das ameaças (T) tem-se um levantamento da realidade organizacional, que culminará, no seguimento da metodologia de elaboração do Plano Estratégico, nas estratégias que a organização implementará em dado horizonte de tempo que tenha estabelecido (Heldman, 2006; Pagnoncelli & Vasconcellos Filho,1992).

EXEMPLO: ANÁLISE SWOT EM UM PROJETO DE IMPLANTAÇÃO DE UMA TECNOLOGIA

A seguir os quatro elementos da análise:

Forças (*Strengths*): a tecnologia já foi implantada em outras empresas neste setor.

Fraquezas (*Weaknesses*): nunca implantamos esta tecnologia.

Oportunidades (*Opportunities*): a nova tecnologia permitirá reduzir o tempo do ciclo de lançamento de novos produtos no mercado. Oportunidades são condições ou eventos não explorados de que uma organização pode passar a valer-se, que lhe permitam diferenciar-se dos concorrentes, ganhando com isso competitividade.

Ameaças (*Threats*): o tempo para concluir o treinamento e a simulação da implantação da tecnologia pode sobrepor-se à atualização tecnológica; novas versões da tecnologia ou mesmo novas tecnologias podem ser lançadas antes da implantação (Heldman, 2006).

Na sequência é apresentada uma aplicação sucinta da análise SWOT para embasar (com a análise ambiental pertinente) a elaboração de um Plano Estratégico para uma escola de ensino fundamental. As etapas do processo de planejamento estratégico são listadas em sequência, de acordo com Pagnoncelli & Vasconcellos Filho (1992).

5.7 ETAPAS DO PLANEJAMENTO ESTRATÉGICO

1) NEGÓCIO (ÁREA DE ATUAÇÃO): âmbito de atuação da Empresa/Organização. No caso da escola: "Educação Fundamental".

2) MISSÃO: papel desempenhado pela empresa/organização no seu Negócio/Área de atuação. A missão é a razão de ser da organização.

Exemplo de missão: "Formar cidadãos críticos, conscientes de valores éticos, para a construção de uma sociedade democrática".

3) PRINCÍPIOS: balizamentos para o processo decisório e o comportamento da empresa/organização no cumprimento de sua Missão.

Exemplos de Princípios para a escola: Lei nº 9.394, de 20/12/1996, que estabelece as LDB; Gestão democrática e participativa; Empreendedorismo; Responsabilidade Socioambiental; Inovação tecnológica.

ANÁLISE AMBIENTAL

4) OPORTUNIDADES: situações externas, atuais ou futuras que, se adequadamente aproveitadas pela empresa/organização, podem influenciá-la positivamente.

Exemplos de oportunidades: Projeto Criança Esperança; Amigos da Escola; Editais do MEC, SEDUC e Secretaria Municipal de Educação.

5) AMEAÇAS: situações externas, atuais ou futuras que, se não eliminadas, minimizadas ou evitadas pela organização, podem afetá-la negativamente.

Exemplos de ameaças: Drogas ou violência no entorno da escola; trabalho infantil.

6) FORÇAS: características da empresa/organização, tangíveis ou não, que podem influenciar positivamente seu desempenho. Exemplos de forças: a) Corpo docente comprometido com a missão da escola; b) Programa de educação continuada regular.

7) FRAQUEZAS: características da empresa/organização, tangíveis ou não, que influenciam negativamente seu desempenho.

Exemplos de fraquezas: a) Biblioteca desatualizada; b) Corpo docente descomprometido com a escola; c) Índice da escola na Provinha Brasil (2º ano do EF) e na Prova Brasil (5º e 9º ano do EF) encontra-se 10% abaixo da média nacional.

OBJETIVOS DECORRENTES DA ANÁLISE AMBIENTAL

8) OBJETIVOS: resultados quantitativos e/ou qualitativos que a empresa/organização precisa alcançar, em prazo determinado, para dar resposta adequada aos quatro elementos listados (SWOT), para cumprir sua Missão.

Exemplos de objetivos: a) Elaborar projeto para atualizar a biblioteca da escola [este objetivo está associado à fraqueza a acima]; b) Incrementar em 10% o índice da escola na Provinha Brasil (2º ano do EF) e na Prova Brasil (5º e 9º ano do EF) na próxima avaliação e, na imediatamente seguinte, melhorar o índice para alcançar 10% acima da média nacional [este objetivo está associado à Fraqueza c acima]; c) Criar programa para manter comprometimento dos docentes com a melhoria geral dos índices de desempenho da escola [este objetivo está associado à Força a acima].

ESTRATÉGIAS DECORRENTES DOS OBJETIVOS

ESTRATÉGIAS: o que a empresa/organização decide fazer, considerando a análise ambiental, para atingir os Objetivos, com respeito a seus Princípios, visando cumprir a Missão do Negócio.

Exemplos de estratégias: Curto prazo – Projeto de Atualização Bibliográfica, a ser submetido à Secretaria Municipal de Educação, ao Programa Amigos da Escola, etc. [esta estratégia está associado ao Objetivo a acima].

Curto prazo – Programa Provinha Brasil e Programa Prova Brasil, constituído de várias ações, como palestras semanais, avaliações periódicas e aulas de reforço para assuntos determinados. [esta estratégia está associado ao Objetivo b acima].

5.8 COMPONENTES BÁSICOS DO PLANO DE ENSINO

São cinco os componentes básicos do planejamento de ensino (Piletti, 2000): 1) objetivos; 2) conteúdo; 3) procedimentos de ensino; 4) recursos de ensino; 5) avaliação de aprendizagem.

Durante o processo de planejamento, estes componentes são definidos ou identificados. Durante a execução do plano de ensino, eles contribuem para que as atividades de ensino ocorram; e, na medida em que ocorram plenamente, fazem com que haja a interiorização dos conteúdos por parte dos estudantes, ou que eles desenvolvam ou aprimorem as habilidades pretendidas.

a) OBJETIVOS

São as descrições claras do que se pretende alcançar como resultado da atividade docente.

"Os *objetivos educacionais* são as metas e os valores mais amplos que a escola procura atingir" (Piletti, 2000, p. 65). Por exemplo, os Parâmetros Curriculares Nacionais (PCNs) indicam como objetivos do ensino fundamental, dentre vários outros, que os estudantes compreendam a cidadania como participação social e política, assim como exercício de direitos e deveres políticos, civis e sociais.

"Os *objetivos instrucionais* são proposições mais específicas referentes às mudanças comportamentais esperadas para um determinado grupo-classe" (Piletti, 2000, p. 65). Para citar um exemplo extraído dos PCNs: um objetivo instrucional de Ciências Naturais para o primeiro ciclo é que os estudantes ganhem progressivamente a capacidade de "comunicar de modo oral, escrito e por meio de desenhos, perguntas, suposições, dados e conclusões, respeitando as diferentes opiniões e utilizando as informações obtidas para justificar suas ideias" (Brasil, 2000, p. 64).

Piletti (2000) adverte que se deve ficar atento para manter a coerência entre os objetivos estabelecidos pela instituição: os objetivos instrucionais devem manter coerência com os objetivos gerais das áreas de estudo e, por sua vez, devem manter coerência com os objetivos educacionais do plano do currículo.

b) CONTEÚDO

É tratada aqui a organização do conhecimento em si abordado nos cursos de graduação em Psicologia, considerando suas próprias regras e especificidades.

Para os cursos de graduação, por meio de Diretrizes Curriculares específicas, o MEC estabelece perfil profissional, habilidades e competências exigidas do formado, estrutura curricular e conteúdos das atividades programadas. Estas informações devem ser levadas em conta no projeto pedagógico do curso respectivo elaborado pela Instituição de Ensino Superior (IES). Quando não há Diretrizes Curriculares específicas disponíveis para uma dada área (não é o caso da área de Psicologia), a organização do conhecimento pode ser obtida do projeto pedagógico elaborado pela IES.

Outra possível fonte de definição de conteúdo é a Sociedade Brasileira para o Progresso da Ciência (SBPC)[15]. É uma entidade civil, sem fins lucrativos ou posição partidária, fundada em 1948, e tem como objetivo a defesa do avanço científico e tecnológico, e do

---

[15] http://portal.sbpcnet.org.br

desenvolvimento educacional e cultural do Brasil. A entidade representa mais de 100 sociedades científicas associadas; possui mais de 6 mil associados ativos. Outras entidades são: o Conselho Federal de Psicologia (CFP)[16], os Conselhos Regionais de Psicologia, a Associação Brasileira de Ensino de Psicologia (ABEP)[17], a Federação Nacional dos Psicólogos (FENAPSI)[18].

Da mesma forma, para a realização do Exame Nacional de Desempenho (Enade), o INEP edita resolução com o conteúdo a ser utilizado na avaliação para cada curso específico.

Piletti (2000) aponta outros cuidados que devem ser observados na seleção dos conteúdos a serem ministrados:

– Deve existir relação do conteúdo com os objetivos definidos, que levem à aquisição de habilidades do estudante;

– Bom critério de seleção: escolher conteúdos mais importantes, mais atuais;

– A ordenação do conteúdo deve seguir do mais simples para o mais complexo, do mais concreto para o mais abstrato. Este aspecto exige do docente domínio epistemológico do conteúdo em questão, que lhe permita ordenar os assuntos da maneira que se torne a mais compreensível, simples, acessível possível, para o nível de estudo de seus discentes.

c) PROCEDIMENTOS DE ENSINO

Turra (1982) *apud* Piletti (2000, p. 67) define procedimentos de ensino como "ações, processos ou comportamentos planejados pelo professor para colocar o aluno em contato direto com coisas, fatos ou fenômenos que lhes possibilitem modificar sua conduta, em função dos objetivos previstos".

---

[16] https://site.cfp.org.br/
[17] http://www.abepsi.org.br/
[18] https://www.fenapsi.org.br/

As técnicas de ensino são abordagens particulares que conduzem e facilitam a concretização da aprendizagem por parte dos estudantes.

Piletti (2000) sugere que os procedimentos de ensino selecionados pelo professor apresentem as seguintes características:

– sejam diversificados;

– sejam coerentes com os objetivos propostos e com a aprendizagem requerida nos objetivos;

– adequem-se às necessidades dos estudantes para os quais serão aplicados;

– sirvam de estímulo ao envolvimento do estudante em novas descobertas;

– constituam desafios para os estudantes, que os motivem e os instiguem na realização da atividade.

Nada pior do que uma atividade enfadonha, repetitiva, desestimulante, que não constitua um desafio para o discente.

d) RECURSOS DE ENSINO

São os componentes do ambiente de aprendizagem. São eles: recursos humanos e recursos materiais. Recursos humanos: professor, discentes, orientadores educacionais, atendentes, tutores, etc. Recursos materiais: sala, quadro branco, projetor, quadro de avisos, biblioteca, livros, laboratórios (Piletti, 2000).

e) AVALIAÇÃO DE APRENDIZAGEM

É o processo de determinação de quais objetivos foram alcançados e em que medida isto ocorreu. Dada a importância do assunto para a atividade docente, é parte importante do processo de ensino adotado pelo professor e tem impactos no resultado do seu trabalho, como também tem implicações sobre os discentes – pois pode haver aprendizagem ou não. Dependendo do resultado obtido, pode determinar, até, que o trabalho seja refeito.

O próximo Capítulo aborda amplamente este assunto, com ênfase na avaliação formativa ou processual, por possibilitar que o professor verifique se a prática adotada foi efetiva (levou à aprendizagem) ou não.

5.9 TIPOS DE PLANEJAMENTO DE ENSINO

Pode-se fazer planejamento de ensino em cinco níveis, dependendo do grau de especificidade desejado:

- Planejamento institucional;
- Planejamento do instituto;
- Planejamento da faculdade;
- Planejamento de curso;
- Planejamento de unidade;
- Planejamento de aula.

O objetivo aqui é tratar mais detalhadamente a respeito da elaboração de planos de aula: é o plano que cabe ao professor elaborar para a disciplina que vai ministrar. No entanto, deve-se levar em conta neste planejamento de aulas, sistemicamente, o que está disposto no plano de unidade (se houver unidade que englobe várias disciplinas, e esta for uma delas), como também o plano de curso (do qual faz parte a disciplina em questão), e ainda o plano da faculdade, o plano do instituto e o plano institucional.

A ideia principal é expressar que, ao elaborar o plano de aulas de sua disciplina, o professor leve em consideração o que os planos em nível superior contemplam, para haver racionalização de recursos e comprometimento dos escalões inferiores com os planos institucionais. De outra forma, não há como estes planos serem concretizados se as instâncias inferiores os ignorarem.

O planejamento institucional é o que é feito no nível mais alto da instituição. No caso de uma universidade, é o que é realizado pela alta administração da instituição, contando com a participação de reitor, vice-reitor, pró-reitores, diretores de institutos e de núcleos. É chamado de planejamento estratégico, e leva à elaboração do plano de desenvolvimento institucional, com horizonte de realização das estratégias para 5, 10 ou 15 anos. Este assunto foi abordado nas Seções 5.6 e 5.7.

O planejamento de instituto, por óbvio, tem como escopo dado instituto, levando em consideração o que se encontra disposto no plano estratégico da instituição, como também os planos setoriais (ou seja, os planos de cada faculdade pertencente ao instituto).

Da mesma forma, o planejamento da faculdade abrange seus programas e cursos, respeitando-se o que está disposto no plano estratégico do instituto a que pertence.

O plano de curso contempla o conjunto de conhecimentos que serão abordados, a forma como isto vai ser concretizado, o conjunto de atitudes, habilidades, competências que serão desenvolvidas por uma turma de estudantes, durante a realização do curso.

Havendo boa articulação entre os professores de um dado período ou bloco (em que é realizado um grupo de disciplinas), os objetivos do período serão alcançados. Na medida em que este esforço seja realizado também nos demais blocos, e, considerando que pontuais problemas de falhas de aprendizagens sejam solucionados, torna possível o alcance dos objetivos do curso.

O plano de unidade se desdobra em um ou vários planos de aula, dependendo da sua abrangência. Uma dada unidade do programa da disciplina, dependendo dos objetivos estabelecidos, pode ser prevista para concretização em uma ou mais aulas.

O plano de aula contém o detalhamento do conteúdo a ser abordado em uma aula específica: isto pode ser feito para uma hora-aula, para duas ou mais horas-aula, previstas para uma determinada data. O plano de aula deve prever a estratégia que será empregada pelo professor para garantir a aprendizagem do conteúdo constante do objetivo da aula pela turma (avaliável por meio de instrumento que faz parte do plano).

O plano de curso diz respeito à previsão de dado conjunto de conhecimentos e habilidades esperadas que os participantes de uma turma de alunos apresentem no fim de todas as atividades previstas (incluindo disciplinas, estágios, atividades complementares). Em se tratando de curso de graduação, como referido, o MEC disponibiliza as diretrizes curriculares respectivas; também as associações que congregam os pesquisadores da área publicam currículos de referência, que servem de balizadores para a proposta específica elaborada em uma instituição de ensino. Por exemplo, é o caso do currículo de referência da Sociedade Brasileira de Computação.

Como citado na Introdução, os formandos dos cursos de graduação se submetem ao Exame Nacional de Desempenho (Enade), em que são cobradas as competências constantes das diretrizes curriculares. Já os cursos de pós-graduação são normatizados por meio de resoluções específicas, dependendo do nível (atualização [mínimo de 180 horas], especialização [mínimo de 360 horas], mestrado e doutorado), em que é definida a carga horária mínima exigida e a natureza das atividades previstas para o curso.

Os cursos de atualização e especialização são chamados lato-sensu, com a expedição de certificados para os alunos formados; os cursos de mestrado e doutorado são chamados stricto-sensu, com expedição de diploma de mestre para quem tenha concluído com aprovação todas as atividades previstas e tendo sido aprovada sua dissertação de mestrado ou sua tese de doutorado, respectivamente.

O acréscimo salarial de portador de certificado de atualização é de 5%; o portador de certificado de especialização é de 10%.

Oportunidade de estudo: as principais universidades do mundo oferecem cursos gratuitos, online. A Universidade Harvard oferece mais de 150 cursos gratuitos em inglês, de áreas (dentre outras) como Ciência da Computação, Engenharia e Gestão de Negócios. A inscrição garante acesso ao material do curso, incluindo atividades, provas e fóruns de discussão, sem certificado. A versão certificada é cobrada em dólar.

Como exemplo no Brasil, dentre outros, a Unicamp oferece curso de Cálculo I, Cálculo II e Cálculo II. A USP oferece mais de 25 cursos; dentre outros, os seguintes: Escrita Científica, Física Básica, Gestão da Inovação, Gestão de Projetos. O Senai oferece cursos como Lógica de Programação e Empreendedorismo, dentre outros. A Fundação Getúlio Vargas oferece, dentre outros, cursos de Gestão de Projetos e Gestão Socioambiental.

No ensino superior, os cursos apresentam diretrizes curriculares específicas que estabelecem a distribuição da carga horária total do curso, carga horária (teórica, prática), com as matérias exigidas na grade curricular, conjunto de habilidades e competências que precisam ser desenvolvidas. Nada obsta que propostas de cursos novos sejam feitas, para os quais não exista ainda diretriz curricular.

Já na pós-graduação, há mais chance de elaboração de proposta de cursos, seja de pós-graduação lato sensu (especialização), e pós-graduação stricto sensu (mestrado e doutorado). Em ambos os casos, há resoluções do MEC específicas determinando como deve ser a elaboração de tais cursos.

PLANEJAMENTO DE AULA

É a previsão do que será realizado em um dado dia letivo. Dependendo da programação da disciplina em cursos superiores, isto normalmente pode envolver 1 hora-aula, 2 horas-aula (cada hora-aula tem 50 min), 3 horas-aula e 4 horas-aula; em cursos ministrados em períodos intervalares, podem ser programadas até 8 horas-aula no dia (dois turnos).

Para cada aula prevista, o professor identifica objetivo, conteúdo abordado, prática de ensino empregada, recursos previstos, procedimento para avaliar se o objetivo foi alcançado. Os recursos previstos para realização da aula podem incluir: sala especial, laboratório, conjunto computador e projetor, material didático de apoio, e outros.

Pilettti (2000, p. 74) utiliza o esquema para plano de aula mostrado no Quadro 1, em que é informado o tema central da aula, os objetivos, o conteúdo a ser ministrado, a prática de ensino a ser utilizada, os recursos previstos e os procedimentos de avaliação (que visam confirmar se os objetivos de aprendizagem foram alcançados com a aula).

Quadro 1. Esquema para plano de aula.

Tema central:		
Objetivos:		
Conteúdo:		
Prática de ensino	Recursos necessários	Procedimentos de avaliação

A seguir são apresentados dois planos de aula, a título de ilustração. Uma informação que pode ser incluída no esquema de Piletti (2000) é a bibliografia utilizada na preparação da aula. Este acréscimo não foi feito nos exemplos de planos de aula mostrados a seguir porque, na nossa abordagem de trabalho, a bibliografia utilizada já é listada no material didático da disciplina respectiva, que é enviado no primeiro dia de aula para os estudantes no formato pdf.

Quadro 2. Exemplo de plano de aula 1.
Disciplina: Administração.
Data: dd/mm/aaaa; Sala: MR s. 401.

Tema central: Planejamento Estratégico.
Objetivos: Compreender a importância do planejamento estratégico para uma organização; apresentar uma metodologia para elaboração do plano estratégico organizacional (PEO); definir negócio, missão e princípios; definir análise ambiental; apresentar a técnica análise SWOT; definir objetivos e estratégias organizacionais; aplicar a metodologia apresentada na elaboração de PEO para a Faculdade de Administração.
Conteúdo: 1. Planejamento estratégico x Planejamento operacional; 2. Estratégia; 2. Estratégia empresarial; 3. Organização do processo de planejamento estratégico; 4. Descrição da metodologia para formulação do plano estratégico; 5. Definição do negócio, missão e princípios. 6. Análise ambiental: análise SWOT; 6.1 Forças; 6.2 Fraquezas; 6.3 Oportunidades; 6.4 Ameaças; 7. Definição de objetivos; 8. Definição de estratégias. 9. Aplicação da metodologia descrita.

Prática de ensino	Recursos necessários	Procedimentos de avaliação
Aula Invertida (2horas-aula): os estudantes são avisados na aula anterior que têm tarefa para casa – assistir o vídeo da aula sobre "Planejamento Estratégico", indicado na página 26 do texto da disciplina. O estudante deve anotar possíveis dúvidas para serem apresentadas em sala ao professor durante as discussões sobre o vídeo. No final da aula, o professor repassa os assuntos abordados.	Projetor/computador para exibição das duas aulas, se necessário.	A aula é finalizada com a aplicação da metodologia apresentada no vídeo e comentada em sala; equipes de quatro alunos são encarregadas de elaborar PEO para a Faculdade de Administração (orientações gerais são apresentadas na página 27 do texto da disciplina).

Quadro 3. Exemplo de plano de aula 2.

Disciplina: Matemática.
Data: dd/mm/aaaa; Sala: MR s. 401

Tema central: Combinatória.		
Objetivos: Criar um contexto significativo para construção de estratégias eficientes para resolver problemas de combinatória e refletir sobre as estratégias mais econômicas e adaptadas a cada problema apresentado. **Conteúdo:** Campo multiplicativo; ideia de combinatória.		
Prática de ensino	**Recursos necessários**	**Procedimentos de avaliação**
Aula Expositiva – 2 horas-aula. O seguinte problema é apresentado: "A mãe de Luís comprou 3 tipos de pães no supermercado: de forma, bisnaguinha e pão integral. E levou para casa também 3 tipos de frios para fazer sanduíches: salame, presunto e mortadela. Quantos tipos diferentes de lanche é possível que ela faça para Luís, juntando um tipo de pão e um tipo de recheio?". Fazer uma tabulação, indicando as formas de resolução apresentadas pelos alunos e a quantidade de alunos que optaram por esta ou aquela. Apresentar o problema 2 para a turma; repetir o procedimento. Apresentar o problema 3: "Numa viagem, Artur levou 4 calças e 5 camisas na mala. De quantas formas diferentes ele consegue se vestir combinando essas peças de roupa?". Repetir o procedimento.	Papel e lápis.	Exercício: "Quantos números diferentes é possível formar com os algarismos 6, 7, 8 e 9, pensando que cada algarismo deve aparecer uma única vez?". Ao fim da resolução, os alunos são chamados a compartilhar suas impressões, discutindo as formas de resolução mais eficientes e rápidas.

Fonte: Adaptado de ALONÇO, A. F. *Plano de Aula: Combinatória*. In: "Nova Escola" edição especial no. 35 Planos de Aula 2 – Matemática. Janeiro/2011; p. 46-47.

O próximo Capítulo cuida de tópico relevante para a aprendizagem – as técnicas de avaliação – às vezes, não reconhecido devidamente pelo docente. A importância das técnicas de avaliação decorre do fato de possibilitarem que o professor confirme se as práticas docentes adotadas no ensino de dado tópico foram efetivas ou não; dependendo do resultado, o professor pode reformular seus procedimentos para assegurar que haja aprendizagem de tal tópico.

5.10 TEXTOS PARA REFLEXÃO

5.10.1 TEXTO 1: *DRAMATURGOS E ATORES*

Extraído de FURTADO, A. B. *Para Ensinar Melhor*. Belém: abfurtado.com.br, 2018.

Conversando com alunos do Curso de Bacharelado em Sistemas de Informação (turma única) que funcionou em município paraense a respeito do que para eles tinha sido marcante até aquele ponto da trajetória acadêmica, eles responderam que tinha sido uma tarefa passada pelo professor de uma das disciplinas de Administração.

O docente os havia incumbido de preparar esquetes teatrais acerca de assuntos da disciplina, e encená-los devidamente no palco do núcleo municipal.

Segundo os alunos, o professor tinha adotado uma abordagem longe do convencional, propondo-lhes duas coisas com as quais não tinham trabalhado: redação teatral e encenação. Para eles, resultou em uma atividade que, não só possibilitou o aprendizado do conteúdo, como os mobilizou para a produção da encenação, e realizou uma aproximação com outras áreas de conhecimento com as quais não estavam familiarizados.

Este é um exemplo ilustrativo do quanto se pode fazer quando a intenção é ir além da convenção.

QUESTÕES:

1) O professor mencionado no texto utilizou redação teatral e encenação, recursos pouco usuais, para abordar tópicos de uma disciplina de adminis-

tração em um curso de computação. Cite exemplos de outras iniciativas que escapam da convenção estabelecida, e que podem incentivar a participação dos estudantes.

2) Atividades que levam à produção de artefatos devem ser incentivados. Afinal, é isto mesmo que o estudante de computação fará, provavelmente, na sua vida profissional. Isto pode ser proporcionado pela redação de artigos, produção de software, laudos de avalição de produtos, seja sistema operacional, software de gerência de banco de dados, software de gerência de redes, concepção e desenvolvimento de aplicativos que concretizam novos modelos de negócio, exposição de motivos que fundamente a seleção e a aquisição de tecnologia para solução de determinado problema existente na organização.

Considerando a disciplina que você leciona: o que pode ser proposto na linha do que foi delineado nesta questão?

5.10.2 TEXTO 2: *CALIFASIA*

Extraído de FURTADO, A. B. *"Um Pouco da Minha Vida: Novos Casos e Percepções"*. Belém: abfurtado.com.br, 2018b.

Continuando a garimpagem no livro do professor Ruy Santos de Figueiredo ("Ensino: sua Técnica – sua Arte", 7ª ed.; Rio de Janeiro: Lidador, 1969).

Aliás, não lembro como este livro veio parar na minha biblioteca: trata-se de uma xérox, em uma face somente do papel, encadernada elegantemente em capa dura. Talvez tenha comprado em algum sebo nos meus tempos do Rio de Janeiro.

Tratando de "postura e gesticulação" no capítulo 3 – A Arte de Falar, o professor afirma que é importante observar e pedir que alguém observe a sua califasia, "pois, muitas vezes tem cacoetes de gestos e de voz que nem mesmo ele sabe, pois nunca atentou para isto" (p. 73). Vou correndo ao dicionário atrás da palavra "califasia": encontro que é a arte ou a técnica de pronunciar as palavras, elegantemente ou expressivamente.

Para ilustrar, ele conta que tinha um professor que repetia insistentemente durante a aula a frase "Não é?".

Certo dia, este professor mostrou-se entusiasmado com o comportamento da turma (p. 73):

– Vocês, hoje, estão de parabéns, pois prestaram realmente atenção à aula, anotando todos os seus pontos importantes. Continuem assim, e a aprovação será certa.

Em seguida, ele retirou-se. Os estudantes rapidamente passaram a contar, nas suas "anotações" particulares, o número de vezes que o professor havia falado "não é?": o motivo era saber quem tinha acertado o escore do "bolão ´não é?´" que haviam feito a cinco cruzeiros por cabeça minutos antes da aula...

6. TÉCNICAS DE AVALIAÇÃO DE APRENDIZAGEM

Como garantir que houve aprendizagem depois de qualquer atividade de ensino sem avaliar?

Três questões iniciais são apresentadas como introdução às técnicas de avaliação de aprendizagem: que é ensinar? Que é aprender? Que é avaliar? Se formos aos dicionários[19], dentre várias outras acepções existentes, vamos encontrar (Furtado, 2014):

– **ensinar**: repassar ensinamentos sobre algo a outrem; transmitir conhecimentos a outrem;

– **aprender**: adquirir conhecimentos, a partir do estudo; tomar conhecimento de algo, reter este conhecimento na memória, em consequência de estudo, observação, experiência, advertência, etc.;

– **avaliar**: determinar a qualidade, a extensão, a intensidade de algo.

O contexto considerado aqui para o uso dos três verbos é o que ocorre em uma instituição de ensino: espera-se que o professor ensine dado conteúdo, empregando as estratégias que ele julga adequadas, de modo que o aluno assimile o que foi ensinado. O terceiro verbo – avaliar (a aprendizagem) – é o que permite constatar se houve aprendizagem ou não.

Sanmarti (2009, p. 21) nota a associação forte dos três processos: "ensinar, aprender e avaliar são, na realidade, três processos inseparáveis". Ao ensinar, o professor pretende que o estudante aprenda. Como se certificar de que a aprendizagem ocorreu? Para isto, é necessário avaliar o discente ou pedir que ele se autoavalie. Portanto, os três processos constituem, mesmo, uma trindade indissociável. Na Figura 2, utilizando uma metáfora, Furtado (2014) representa a aprendizagem por meio da esfera seccionada em três partes, de modo que, quando elas se encaixam perfeitamente, for-

---

[19] Houaiss & Villar (2009) e Aurélio (Ferreira, 1975).

mam a esfera (na metáfora, a aprendizagem). Quando isto não ocorre, o processo foi prejudicado por algum ruído. Cabe a quem ensina a função de confirmar se a aprendizagem ocorreu; cabe a quem aprende notificar quando isto não aconteceu; a avaliação é o meio pelo qual a aprendizagem pode ser confirmada ou não.

Figura 2. Ensinar x Aprender x Avaliar.
Fonte: (Furtado, 2014).

O contexto escolar ou acadêmico é o que nos interessa analisar aqui: o professor faz o seu papel – ensina; espera-se que haja aprendizagem. Este ato exige o envolvimento do sujeito interessado em aprender. Outra pessoa nada pode fazer por ele. Utilizemos uma analogia: quem deseja melhorar sua condição física (perda de peso ou melhoria do condicionamento atlético) não pode transferir esta tarefa para outra pessoa. O sujeito que deseja aprender deve envolver-se incondicionalmente na sua aprendizagem. Isto não ocorre simplesmente pelo desejo de outrem. Luckesi (2011b, p. 31) afirma que "aprender depende de desejar afetiva e efetivamente aprender". Demo (2009b, p. 60) amplia da seguinte forma: "aprender implica esforço, dispêndio de energia, dedicação sistemática, atividade produtiva". Não havendo a predisposição do aluno em aprender, cabe ao professor a tarefa de envolvê-lo no processo de ensino e aprendizagem por meio da avaliação formativa (Perrenoud, 1999; Furtado, 2014).

A avaliação de aprendizagem consiste em verificar se os objetivos educacionais de uma aula, de um programa de ensino ou, mesmo, da aplicação de um dado currículo foram alcançados plenamente.

Pode-se fazer avaliação de aprendizagem em várias escalas de abrangência, desde aquela aplicada por um professor antes de iniciar seu trabalho pedagógico (diz-se *avaliação diagnóstica*), para ajustar as ênfases que precisa dar na sua prática; há a avaliação realizada pelo docente depois de ministrar um dado conteúdo de seu programa, para identificar se houve a aprendizagem esperada, e se precisa ajustar sua prática pedagógica, retomando o tema para alcançar seu objetivo inicial. Isto precisa ser feito o mais cedo possível, enquanto ainda há tempo para que a aprendizagem ocorra. Esta avaliação é chamada de *formativa ou processual*. Há aquela avaliação, ainda conduzida pelo professor, realizada no fim do período de aulas, para atestar o desempenho dos estudantes quanto ao programa ministrado, levando à aprovação ou à reprovação na disciplina. Esta avaliação é chamada de *somativa*. A estas formas de avaliação conduzidas pelo professor chamaremos aqui de avaliação em pequena escala.

A avaliação de aprendizagem dirigida a um público bem maior que aquele sob a responsabilidade de um professor na sua sala de aula é denominada aqui de avaliação em larga escala (para usar uma expressão empregada por Luckesi (2011a)). Esta forma de avaliação está fora do escopo deste trabalho. É comentada com o propósito de apresentar um quadro geral sobre avaliação de aprendizagem.

Como exemplos destas formas de avaliação (chamadas de exames), podem ser citados o Exame Nacional do Ensino Médio (ENEM) e o Exame Nacional de Desempenho de Estudantes (Enade), este último dirigido aos cursos superiores. Ambos os exames são realizados pelo Instituto Nacional de Estudos e Pesquisas Educacionais Anísio Teixeira (INEP), autarquia federal ligada ao Ministério da Educação (MEC).

A realização do ENEM possibilita o cálculo do Índice de Desenvolvimento da Educação Básica (IDEB), podendo-se extrair o valor do índice para o País, para um dado estado, para um dado município e para uma dada escola. Recentemente, o ENEM passou a incorporar outra função: possibilitar o ingresso nas instituições públicas de ensino superior, por meio do SISU – Sistema de Seleção Unificada, portanto, transformando-se em exame de vestibular para estas instituições.

A realização do Enade possibilita a avaliação das instituições de ensino superior, dos cursos e do desempenho dos estudantes.

O exame PISA (*Programme for International Student Assessment* – Programa Internacional de Avaliação de Estudantes) é realizado a cada três anos, coordenado pela Organização para a Cooperação e Desenvolvimento Econômico – OCDE. No exame Pisa 2015 (divulgado em 2016), o Brasil obteve os seguintes resultados (de um total de 61países pesquisados): Leitura – 407 (59°); Matemática – 377 (66°); Ciências – 401 (63°). O resultado do Pisa 2018 será divulgado no segundo semestre de 2019.

Como referido, adotamos duas categorias de avaliação de aprendizagem: 1) a avaliação em pequena escala, aquela que é realizada pelo professor, para nortear sua prática docente ou para obter resultado final no âmbito de sua disciplina.

O Quadro 4 sintetiza as diferentes formas de avaliação de aprendizagem em pequena escala); 2) a avaliação em larga escala, aquela realizada no âmbito da escola, da faculdade, do município, do estado, do País, que escapa ao controle de um professor específico, atingindo toda a classe docente da escola, da faculdade, do município, do estado, do País.

O Quadro 5 relaciona alguns exames realizados no País. O planejamento e a logística para a realização destes exames é determinante para o sucesso do empreendimento, dado o público atingido. O sucesso a que nos referimos é conseguir realizar o exame com isenção, oferecendo oportunidades a todos, sem privilégios e desvios a quem quer que seja, de modo que os gestores educacionais possam, com base em seus resultados, estabelecer estratégias e prioridades corretas para o avanço da Educação.

Quadro 4. Formas de Avaliação de Aprendizagem em Pequena Escala.

Avaliação em Pequena Escala (docente)
- Avaliação diagnóstica
- Avaliação formativa ou processual
- Avaliação somativa

Quadro 5. Avaliação de Aprendizagem em Larga Escala realizada no País.

Avaliação em Larga Escala (institucional)
Provinha Brasil (alfabetização) – 2° ano EF
Prova Brasil (5° e 9° ano EF) bianual
ENEM anual
Enade bianual
PISA (OCDE) trianual

Como afirmado, a avaliação de aprendizagem em larga escala é aquela realizada como instrumento norteador para os diferentes níveis de gestão na área educacional sobre o cumprimento de diretrizes e o estabelecimento de estratégias, ações e políticas necessárias para o avanço da Educação.

Como se trata de avaliação em larga escala, envolvendo contingente grande de pessoal e até abrangência territorial ampla, as exigências de elaboração de um exame com esta escala são enormes. As questões logísticas e de planejamento são complexas, indo desde a formação das equipes de elaboradores, a impressão das provas, o transporte para as escolas, a realização dos exames, até a sua correção, com exigência estrita de privacidade e lisura durante todo o processo envolvido.

Neste tipo de exame é utilizada a Teoria de Resposta ao Item (usa-se o acrônimo TRI para referenciá-la), que é uma modelagem estatística empregada em avaliações de conhecimentos e habilidades, em que os examinandos são submetidos a provas diferentes.

Nesta situação, a Teoria Clássica dos Testes – teoria estatística empregada para este tipo de avaliação – mostrava-se inadequada.

A Teoria da Resposta ao Item utiliza a estatística bayesiana, em que a probabilidade de acerto de um item é condicionada à habilidade e ao conhecimento do examinando. A curva que modela a probabilidade de acerto de um item é uma função crescente na ordenada da habilidade e conhecimento; o gráfico que tem a probabilidade condicional de acerto de um item é chamado de Curva Característica do Item.

Com a Teoria da Resposta ao Item, a análise da estimação de conhecimentos e habilidades desloca-se das provas para os itens. Há o conceito de que os parâmetros dos itens (nível de dificuldade, acerto casual) são suas características próprias. Considera-se que a característica de medição dos itens é invariante no tempo, com ressalvas conhecidas. A Teoria da Resposta ao Item modela a probabilidade de acerto a um item por meio de uma função não linear do conhecimento dos examinandos. Desta forma, é possível comparar o conhecimento dos examinandos submetidos a provas diferentes, desde que elas meçam as mesmas características. Isto é particularmente útil quando se tem uma grande quantidade de tópicos de uma matéria a ser avaliada, mas os examinandos responderão apenas um conjunto pequeno de itens, evitando-se, assim, prova muito extensa (Andrade *et als*, 2000).

Como se trata de um sistema, o resultado do trabalho realizado pelos professores nas avaliações em pequena escala repercutirá no que vai ser obtido nas avaliações em larga escala.

6.1 AVALIAÇÃO DE APRENDIZAGEM EM PEQUENA ESCALA

Como referido, os tipos de avaliação de aprendizagem que o professor pode realizar, no âmbito de suas atribuições docentes, são: avaliação diagnóstica, avaliação formativa ou processual ou operacional e avaliação somativa ou de certificação. A seguir são apresentados alguns detalhes adicionais sobre estas formas de avaliação.

A avaliação diagnóstica é realizada normalmente no início das atividades de um período, com o objetivo de obter informações que embasem o planejamento das práticas docentes, definindo ênfases e abordagens necessárias durante o processo de ensino.

A avaliação formativa ou processual ou operacional é realizada durante o processo de ensino, com o objetivo de obter informação se o nível de aprendizagem pretendido foi alcançado. A ela o professor deve recorrer sempre que julgar oportuno certificar-se se os objetivos de aprendizagem efetivamente foram atingidos. Em caso negativo, ele deve planejar ações para superar as dificuldades percebidas a partir dos registros ou dos eventos que lhe tenham possibilitado tal percepção. Portanto, caso sejam constatados resultados insatisfatórios no processo em andamento, haverá intervenção para correção ou reorientação da ação com o propósito de se chegar ao resultado esperado (Luckesi, 2011a).

A adjetivação da avaliação como formativa foi proposta por Benjamin Bloom e utilizada por Philippe Perrenoud; Luckesi (2011a) observa que, a despeito de outros autores adjetivarem a avaliação de outra maneira (José Eustáquio Romão a qualifica de dialógica; Jussara Hoffmann a refere como mediadora; Celso Vasconcellos a denomina de dialética), todos os qualificativos usados contêm em alguma profundidade a característica de diagnóstica, o que lhe possibilita complementá-la com uma intervenção construtiva para sanar falhas de aprendizagem constatadas, por meio do diálogo e da confrontação. Hoffmann (1998) adjetiva a ação avaliativa como mediadora, em razão de focalizar o processo, estabelecendo-se como elo entre tarefas de aprendizagem, e possibilitando a análise global do desenvolvimento no fim de uma trajetória do estudante.

A avaliação somativa ou de certificação é realizada no fim de um período, para efeito de registro no histórico escolar dos estudantes, e tem como objetivo oferecer um certificado sobre a qualidade da aprendizagem detectada. Não há dúvida de que esta não pode ser a única forma de avaliação que o professor realiza como parte de seu processo de ensino. O objeto de certificação acha-se (ou considera-se) pronto, e nenhuma intervenção imediata no processo ocorrerá para mudar a qualificação feita.

Em seguida, é apresentada uma breve revisão bibliográfica que cobre trabalhos relacionados à avaliação de aprendizagem em pequena escala.

6.2 BREVE REVISÃO BIBLIOGRÁFICA – AVALIAÇÃO DE APRENDIZAGEM EM PEQUENA ESCALA

A ênfase desta Seção é sobre a aprendizagem em pequena escala, que é a forma sobre a qual o professor, na sala de aula, tem controle completo, e cujos resultados direcionam suas ações pedagógicas. Para isto, são analisados alguns trabalhos desenvolvidos nesta área.

Souza (1993) em artigo em que revisa a teoria da avaliação da aprendizagem, baseando-se nos trabalhos de Ralph W. Tyler (criador da "Avaliação por Objetivos"), Hilda Taba, Willian B. Ragan, Robert S. Fleming, W. James Popham, B. S. Bloom (com J. T. Hastings e G. G. Madaus), Robert Ebel, Norma Gronlund e David P. Ausubel (com Joseph Novak e Helen Hanesian), conclui que estes autores defendem (p. 31): "uma avaliação centrada em objetivos que indicam os resultados esperados e em razão dos quais serão apreciados os resultados obtidos". A propósito, a Avaliação por Objetivos é definida como o processo de verificar o grau em que mudanças comportamentais ocorrem: a avaliação possibilita julgar o comportamento dos estudantes e com a educação pretende-se mudar tais comportamentos. Em vez de simplesmente aprovar/reprovar, Luckesi (2011a) aduz, em reconhecimento ao mérito do trabalho de Tyler, que ele propôs a construção da aprendizagem.

Portanto, objetivos educacionais são previamente identificados e o processo de avaliação busca julgar a extensão do alcance destes objetivos. A determinação do que será avaliado é parte indissociável do processo de avaliação.

A autora concluiu que o maior consenso entre os autores recaiu em quatro pontos:

1) a avaliação deve ser contínua, ou seja, deve ser um procedimento presente desde o início até o fim do trabalho realizado com o educando (portanto, passando pela avaliação diagnóstica, avaliação formativa ou processual e avaliação somativa);

2) a avaliação deve ser compatível com os objetivos propostos; isto ocorre quando os procedimentos adotados são capazes de detectar a ocorrência dos comportamentos previstos nos objetivos elencados;

3) a avaliação deve ser ampla. Isto exige do professor atenção particular a detalhes de natureza epistemológica que podem contribuir para que a aprendizagem não ocorra de forma efetiva. A amplitude aqui deve abranger a "avaliação de comportamentos do domínio cognitivo, afetivo e psicomotor" (*op. cit.*, p. 37).

4) deve haver diversidade de formas de proceder à avaliação.

Se o objetivo é abarcar todos os domínios citados não será possível que isto seja feito com um único instrumento ou com um só procedimento de avaliação. Desta forma, podem-se combinar dois ou mais procedimentos ou instrumentos de avaliação: a realização de testes, a realização de entrevistas, a aplicação de questionários, a coleta de atividades desenvolvidas pelo estudante, a observação do estudante em atividade, o registro e a interpretação dessas observações.

A avaliação diagnóstica é usada com o fim de identificar que estudantes merecem maior atenção do professor por deficiências de aprendizagem percebidas, como também orientá-lo na ênfase de que dado conteúdo exige abordagem mais aprofundada ou especial. No que diz respeito aos educandos com deficiência de aprendizagem, a ação do docente será concentrada em atenuar ou eliminar estas deficiências. Com relação à identificação dos conteúdos que exigem abordagem especial (mais ou menos detalhada), o professor ajusta seu plano de aula para dar atenção a estes pontos.

A avaliação formativa ou processual é aquela que busca indicar que objetivos foram alcançados pelo estudante e os que não o foram. De posse desta informação, o professor atua para que a aprendizagem ocorra, ou seja, para que os objetivos propostos sejam atingidos. Portanto, possíveis erros cometidos pelo educando são fonte rica de informação para o professor, pois lhe revela as estratégias adotadas por ele. O professor pode, então, atuar em cima da origem do erro, com mais chance de corrigir as falhas de aprendizagem. As informações recolhidas por meio dos testes aplicados após dado conteúdo ter sido ministrado revelam se os objetivos foram atingidos, havendo tempo para recuperar a aprendizagem.

6.3 ETAPAS DO PROCESSO DE AVALIAÇÃO

A avaliação de aprendizagem vista como um processo desdobra-se em pelo menos três etapas (Souza, 1993): 1) a definição dos objetivos que se pretende alcançar com o processo de ensino; 2) a escolha de procedimentos de avaliação mais adequados, levando-se em conta os objetivos elencados; e, por fim, 3) a apreciação se os resultados de aprendizagem obtidos alcançaram os objetivos iniciais propostos.

Caso o professor constate que os objetivos não foram plenamente alcançados, ele deve planejar ações para superação dos obstáculos de aprendizagem verificados. Como exposto, isto pode envolver a revisão das práticas docentes adotadas, a fim de que ocorra o alcance pleno dos objetivos. Como se trata de um ciclo, o professor deve ficar atento à etapa de apreciação (etapa 3) dos resultados, para evitar que descubra muito tarde que os objetivos educacionais não foram atingidos, não havendo mais tempo para que as correções sejam feitas. É importante lembrar que cada estudante é único: ele tem conhecimentos prévios diferentes de qualquer outro, o que faz com que seus tempos de aprendizagem também sejam diferentes, invariavelmente. O professor deve estar atento para cuidar desta complexidade de alguma forma, sem o que seus resultados não serão satisfatórios.

Se a avaliação não possibilita o retorno ao estudante para que ele veja a apreciação que foi feita (e até possa questioná-la, apresentando seus argumentos para a discordância), ela é inútil como instrumento de aprendizagem, servindo somente para mero registro escolar ou acadêmico. Então, o que dizer dos professores que não devolvem suas provas, apontando os erros cometidos e explicitando a apreciação que fizeram das respostas dadas pelos estudantes?

Conclusões: a avaliação de aprendizagem em pequena escala é parte do processo de ensino. E tem o objetivo de determinar o domínio de habilidades (ou sua falta), possibilitando informações valiosas ao estudante e ao professor para a melhoria da aprendizagem ou como forma de incentivo, no caso de objetivos já alcançados.

6.4 FUNÇÕES DA AVALIAÇÃO DE APRENDIZAGEM

Souza (1993) aponta três funções básicas para a avaliação de aprendizagem:

1) Diagnóstico: diagnosticar a situação do estudante em termos de interesses, conhecimentos e habilidades, constantes dos objetivos educacionais propostos. E, muito importante, identificar possíveis causas de dificuldades de aprendizagem.

2) Retroinformação: com base nos resultados alcançados, durante ou no fim do processo de ensino, replanejar adequadamente a prática docente;

3) Desenvolvimento individual: com base na apreciação feita e no diálogo com o professor, o estudante pode conhecer-se melhor, pelo estímulo de sua capacidade de autoavaliar-se.

Desvios podem ocorrer na avaliação de aprendizagem: uma forma de desvio é a sua utilização como maneira de punir os estudantes por algum comportamento que o professor considere condenável. Provas ou testes-surpresa são exemplos desta prática questionável. Outro desvio seria a utilização da avaliação de aprendizagem meramente para produzir uma nota ou um conceito final para o estudante, indicando aprovação ou reprovação na disciplina. Centra-se a atenção na produção de nota ou conceito, descuidando-se da interpretação dos resultados, que poderiam indicar a necessidade de recuperações, a melhoria de procedimentos didáticos ou a avaliação da própria avaliação. Portanto, outros caracteres prevalecem sobre o aspecto educacional.

Hoffmann (2005, p. 55) centra a avaliação como atividade de mediação, com base em duas questões principais: "o que meu aluno compreende?"; "por que não compreende?". Segundo ela, formular estas duas questões é tarefa essencial da ação avaliativa, como primeiro passo, com o fim de aproximar-se do estudante, procurando refletir acerca do significado de suas respostas; afinal, elas decorrem da sua vivência. Neste trabalho de mediação é que o ensino se torna mais eficaz, levando a ganhos perceptíveis de aprendizagem, pela possibilidade de ir à origem de dada forma de compreensão de um conceito.

Depresbiteris (1993) aponta que a aprendizagem pode ser direcionada apenas para o domínio de conteúdo que será cobrado em uma prova final de uma unidade de ensino ou curso. Outros instrumentos de avaliação como trabalhos, participação em debates na sala de aula, registros de atividades desenvolvidas, dentre outros, são esquecidos pelo professor, e poderiam possibilitar inferência sobre o desempenho do estudante. Desta forma, a supervalorização do processo formal com a realização de provas e a desconsideração completa de processos de caráter informal com a concretização de atividades diversas impedem que se tenha uma medida correta do desempenho do estudante.

Alguns fatores de caráter psicológico podem afetar a avaliação realizada pelo professor. A forma ou a ordem como uma atividade é apresentada pelo estudante podem levar o professor a uma avaliação mais favorável do que a de outro que não tenha primado por estas qualidades. Até o comportamento dos estudantes pode constituir fator indutor da avaliação. O educando bem-comportado pode acabar com uma avaliação mais favorável do que aquele malcomportado. Mesmo o cansaço do professor pode levar a distorções no seu julgamento: provas ou testes avaliados primeiro podem ter uma avaliação mais generosa; aqueles que ficarem para correção quando o cansaço chega provavelmente serão avaliados com mais rigor.

Há ainda o caso de professores que, diante de resultados insatisfatórios dos estudantes em avaliações, decidem atribuir atividades adicionais para "recuperar a nota", sem atentar para as razões que levaram ao mau resultado. Dentre outras razões, estão as falhas de aprendizagem. "Recuperar a nota" sem analisar o que levou ao resultado, sem atacar as causas com as atividades adicionais, é inaceitável.

O grande número de estudantes com que muitos professores trabalham dificulta a convivência que lhes permitiriam avaliar a aprendizagem adequadamente. Então, eles consideram que é mais justo atribuir-lhes média de resultados obtidos nos testes (dados resultantes de evidências comprováveis) (Hoffmann, 2005).

O atual processo de aferição da aprendizagem escolar (essencialmente somativa) não leva à melhoria do ensino e da aprendizagem e, além disso, "ainda impõe aos educandos consequências negativas, como a de viver sob a égide do medo, pela ameaça de reprovação – situação que nenhum de nós, em sã consciência, pode desejar para si ou para outrem" (Luckesi, 2011b, p. 54).

6.5 PROCEDIMENTOS DE AVALIAÇÃO

São os meios pelos quais o professor obtém os dados que lhe interessam na avaliação. Como afirmado, o professor deve valer-se de diferentes procedimentos para fazer a avaliação, o que lhe permite olhares de perspectivas distintas acerca da aprendizagem.

São exemplos de procedimentos de avaliação: prova, teste, observação dos estudantes em sala ou nas ocasiões em que haja contato com eles, registro e interpretação das observações, entrevistas com os estudantes, exame de trabalhos elaborados pelos estudantes, questionários, conversas e comentários dos estudantes, análise da escrita, da exposição de trabalhos, da participação em debates, testes orais e escritos e a própria autoavaliação do estudante.

Pode-se realizar avaliação formal e avaliação informal. A avaliação formal é aquela constituída de "atividades agendadas, com conteúdo claramente proposto e definido, com objetivos e critérios de avaliação específicos" (Mondoni & Lopes, 2009, p. 193). Constituem instrumentos de avaliação formal as provas, os testes orais ou escritos, a exposição de trabalhos. A avaliação informal é aquela que tem como instrumentos, por exemplo, a autoavaliação, a observação, o portfólio, a participação em debates, os comentários e as perguntas feitas durante as aulas, a participação nas redes sociais educacionais (fóruns eletrônicos, *blogs* da turma e outras tecnologias digitais).

A combinação das duas formas de avaliação é necessária, para dar conta de todos os estilos de aprendizagem, levando em consideração não só a linguagem escrita, mas também a linguagem oral, a capacidade de expressão gráfica, a linguagem corporal, dentre outras formas de expressão.

A avaliação de aprendizagem, da forma como entendida aqui, só tem sentido se tiver como ponto de partida e como ponto de chegada o processo pedagógico, de modo que, caso se constate não ter havido o alcance dos objetivos propostos, sejam estabelecidas estratégias para retomar o percurso a fim de alcançá-los (Garcia, 1984).

Os resultados das provas não devem constituir-se verdades absolutas. Antes, devem levar à reflexão por parte do professor da razão por que uma resposta foi dada de uma forma diferente da esperada. O professor deve buscar explicações para o fato. Desta forma, antes da proposta aos estudantes, uma tarefa deve ser analisada, buscando-se resposta a (Hoffmann, 2005, p. 49):

- Em que medida a tarefa proposta possibilita ao aluno a organização de ideias de forma própria, individual?
- O questionamento realizado permite a construção de variadas alternativas de solução?
- Qual a relação que a tarefa sugere com esta e outras áreas de conhecimento?
- As ordens dos exercícios são suficientemente claras, esclarecedoras ao aluno em termos das possibilidades de resposta?

Acresçam-se outras questões relevantes: a tarefa proposta não visa apenas avaliar a acumulação de informações (habilidade de memorização e reprodução em momentos de avaliação), tão apreciada algum tempo atrás? A tarefa proposta verifica o desenvolvimento de alguma competência particular? Entenda-se competência como a capacidade de o estudante mobilizar recursos variados (cognitivos) com o fim de tratar uma situação complexa (Moretto, 2005). A utilização de alguns verbos nos enunciados possibilita avaliar se uma dada habilidade foi ou não adquirida: relacionar, correlacionar, identificar, analisar, aplicar, avaliar, dentre outros.

Quando proposta uma dada tarefa, o que acontece após o cumprimento por parte do estudante com a entrega do que foi pedido pelo professor? A avaliação consistirá em verificar tão-somente se a tarefa foi cumprida ou não? Nada será feito em relação à construção do conhecimento, após a análise dos trabalhos elaborados? Dúvidas havidas, caminhos alternativos que poderiam ter sido adotados, inadequações encontradas, não poderiam possibilitar a reconstrução do conhecimento?

6.6 CRITÉRIOS DE AVALIAÇÃO

Depresbiteris (1993) define critério de avaliação como um princípio tomado como referência para julgar alguma coisa. Deve ser consciente e explícito.

Na área de avaliação de aprendizagem são utilizados dois tipos de critérios: absoluto e relativo. A avaliação baseada em critérios absolutos confronta o desempenho do estudante com objetivos pré-estabelecidos e é mais apropriada para uso no processo de ensino e de aprendizagem. A avaliação baseada em critérios relativos é chamada avaliação baseada em normas e tem como objetivo identificar a posição de um estudante em relação ao grupo: é, portanto, mais indicada para processos de seleção ou classificação. Consequentemente, os resultados obtidos por um educando em uma ou outra forma de avaliação têm interpretações diferentes. Se um estudante obtiver 75 como nota em uma prova (avaliação baseada em normas), o significado desta nota estará relacionado à média do grupo; já se a avaliação é baseada em critério, a nota diz respeito à porcentagem de alcance dos objetivos pré-estabelecidos (*op. cit.*).

Com respeito à forma de expressão do resultado da avaliação, a utilização de conceitos (em vez de notas)

> significa uma maior amplitude de representação. Pela própria complexidade da tarefa avaliativa, o uso dos conceitos evita o estigma da precisão e a arbitrariedade decorrente do uso abusivo de notas (Hoffmann, 2005, p. 45).

Apesar de os conceitos serem utilizados, mesmo os regimentos escolares e acadêmicos, estabelecem relação com os valores numéricos. Assim, onde se usam os conceitos "E" (Excelente), "B" (Bom), "R" (Regular), "I" (insuficiente), respectivamente, estão associados os valores 5, 4, 3 e 2, com os três primeiros significando "aprovação" e o último "reprovação", se for um conceito final.

Russell & Airasian (2014) apontam três domínios principais pelos quais a avaliação ocorre em sala de aula: o domínio cognitivo, o domínio afetivo e o domínio psicomotor. O domínio cognitivo engloba atividades intelectuais, como a memorização, a interpretação, a aplicação de conhecimento, a solução de problemas e o pensamento crítico. Já o domínio afetivo envolve sentimentos, atitudes, valores, emoções e interesses. O domínio psicomotor engloba atividades físicas e ações em que os estudantes manipulam objetos como uma caneta, um teclado, uma tela sensível. Durante a realização de seu trabalho em sala de aula, o professor dá mais atenção ao domínio cognitivo, mas certamente ele toma decisões de avaliação que passam pelos outros domínios.

O próximo Capítulo apresenta os métodos de ensino a que o professor de Psicologia pode recorrer, dependendo da forma que julga mais apropriada para o assunto a ser ensinado, e levando em conta competências e habilidades que precisam ser desenvolvidas pelos alunos de sua turma. São apresentadas desde a aula expositiva, até abordagens mais recentes, que buscam conferir ao estudante maior participação na sua própria aprendizagem, motivando-o para isto, e menor protagonismo do professor, como também métodos ou técnicas que possibilitam que o estudante aprenda no seu ritmo e no seu tempo particular.

6.7 TEXTOS PARA REFLEXÃO

6.7.1 TEXTO 1: *QUEM ENSINA QUEM?*

Extraído de FURTADO, A. B. *Casos e Percepções de um Professor.* Belém: abfurtado.com.br, 2016.

Frases de Mário Sérgio Cortella, extraídas de "Pensar bem nos faz bem: filosofia, religião, ciência e educação", 3ª edição, Vozes, 2014:

– *"Nós nos educamos reciprocamente, ou seja, ninguém se educa sozinho, independentemente da idade, da posição, do lugar que ocupa em uma sociedade";*

– *"... a educação é sempre uma atividade de mão dupla" (p. 79).*

As frases contraditam o significado comum da palavra aluno, como "aquele que precisa ser iluminado"; e que tudo parte do professor, que tudo conhece.

Hoje, a concepção pedagógica prevalecente é que o estudante tem luz própria.

Cortella (2014) tem razão: a educação é troca, tem mão dupla. Não há um só protagonista (o professor). O estudante pode sê-lo. Por que não?

Veja-se a Modelagem na Educação Matemática, por exemplo. Um dos seus princípios basilares é dar protagonismo ao estudante, de modo que ele conduza sua própria aprendizagem de matemática.

6.7.2 TEXTO 2: *"POBLEMA"*

Extraído de FURTADO, A. B. *"Casos e Percepções de um Professor"*. Belém: abfurtado.com.br, 2016.

Certa ocasião, eu convidei um colega que havia acabado de voltar a Belém depois de fazer mestrado para apresentar sua dissertação para meus discentes da Universidade.

Fiz excelentes recomendações sobre o conhecimento do professor. No dia da aula, e por várias vezes, ele repetiu o erro de dicção: "poblema" para cá, "poblema" para lá.

Percebi que os estudantes se entreolhavam a cada vez que ele falava assim; deve ter havido algum que contou quantas vezes ele pronunciou a palavra desta forma.

Fiquei incomodado com aquilo.

Às vezes, a própria pessoa não se dá conta do seu erro. É preciso que algum amigo, reservadamente, o aponte.

Neste caso, dias depois, procurei uma forma de alertá-lo do erro que cometia. Recomendei que lesse a nota Problemas de dicção (p. 63-66) no meu livro Páginas Recolhidas, publicado em 2009 e que reproduzi neste livro em versão atualizada (ver índice).

7. MÉTODOS DE ENSINO

> *"Ensinar é perseguir fins, finalidades".*
> Maurice Tardif (Saberes Docentes e Formação Profissional. 17ª ed. Petrópolis: Vozes, 2014, p. 125

O objetivo deste Capítulo é apresentar métodos ou técnicas aplicáveis ao ensino de modo geral. São apresentadas considerações a respeito da utilização das abordagens no ensino de Psicologia, tendo como diretriz o seguinte: considerando as especificidades da disciplina que vai ministrar – seus objetivos, habilidades a desenvolver, levando em conta o tempo e os recursos de que dispõe, e o alunado com que vai trabalhar, o professor é o único profissional que pode determinar – diante destes condicionantes – a forma do seu trabalho para garantir a efetividade da aprendizagem esperada.

Toma-se como premissa que a prescrição não cabe na educação. Por quê? Cada situação de ensino que se apresente para ser executada é diferente de qualquer outra – os estudantes são outros. Cada aluno traz, de particular, suas atitudes, seu nível de maturidade, suas experiências, seu domínio vocabular, seus ideais, seus interesses, suas reações, sua resistência à fadiga; em uma palavra, cada um carrega suas idiossincrasias. Esta é certamente a maior dificuldade que o professor enfrenta em seu trabalho.

Ainda que os estudantes fossem os mesmos para quem uma atividade didática vai ser reaplicada, ainda assim os estudantes não serão mais aqueles da situação anterior – eles terão mudado. A Filosofia valida este raciocínio. Mesmo as condições particulares no tempo em termos de recursos podem ser outras.

É preciso destacar desde logo que a utilização de uma técnica não exclui as outras. Cada método tem suas peculiaridades, com a possibilidade de desenvolver determinadas competências. Cabe ao professor selecionar o conjunto de técnicas que vai empregar na sua atividade docente, levando em conta o grupo particular de estudantes com quem vai trabalhar. Para isso, é necessário que ele conheça este grupo de alunos. Como pode conseguir isso? Obtendo informações a respeito dos alunos, fazendo testes de sondagens, para poder indicar as práticas mais apropriadas.

Desta forma, seu trabalho fica enriquecido pela variedade de abordagens que vier a adotar, considerando as habilidades que precisam ser desenvolvidas ou aprimoradas pelos alunos e os objetivos e as características particulares da disciplina em questão. Por outro lado, a variedade de abordagens possibilita a quebra da rotina, e é mais estimuladora do que a utilização de uma técnica somente, como muitas vezes acontece na atividade de ensino.

7.1 CLASSIFICAÇÃO DOS MÉTODOS E TÉCNICAS DE ENSINO

Uma classificação dos métodos e técnicas de ensino é aquela que leva em conta o comportamento do estudante durante o processo de ensino – se passivo, ou se ativo.

Os métodos do primeiro grupo são os *métodos tradicionais*, em que o estudante recebe o conhecimento que lhe é transmitido pelo professor. Ele ouve e vê o professor, registra de alguma forma, memoriza e reproduz quando lhe é solicitado. São exemplos de métodos do primeiro grupo: aula expositiva, aula de demonstração experimental, aula de demonstração de software.

Os métodos do segundo grupo – *os métodos ativos* – são aqueles que tiram o estudante da passividade, e lhe dão protagonismo no processo de aprendizagem; o aluno, orientado pelo professor, descobre o conhecimento; neste caso, o papel do professor é de orientador, de facilitador da aprendizagem. Estes métodos possibilitam que o estudante explore mais dos seus sentidos: além de ver e ouvir, dependendo do que seja abordado, ele toca, sente, experimenta, faz.

Dois fatores foram determinantes para a proposição de novos métodos de ensino: primeiro, o fato de os resultados de aprendizagem obtidos pelos métodos tradicionais não serem satisfatórios, o que justifica a proposta de abordagens que busquem melhores resultados. Outro fator determinante foram os avanços conseguidos nas ciências que estudam o homem – a psicologia (aspectos do indivíduo) e a sociologia (a relação do indivíduo como parte de um grupo). Mais recentemente, também a neurociência – ciência multidisciplinar que estuda o sistema nervoso de modo geral – tem contribuído com a educação com base na compreensão de como ocorrem os processos de cognição. Um de seus ramos, a Neurociência Cognitiva, estuda a capacidade cognitiva do indivíduo, envolvendo o raciocínio, a memória e a explicação de como ocorre o aprendizado.

Há ainda outro fator que se pode apontar: as exigências dos avanços científicos e tecnológicos trouxeram mudanças para a vida das pessoas, para a forma como as empresas e a sociedade se organizam. Consequentemente, novas exigências de aprendizagem se impuseram. No plano pessoal, os atrativos da vida moderna têm cobrado novas abordagens das instituições de ensino no que tange à motivação do estudante. A questão é: como conseguir que o estudante se torne agente responsável pela própria aprendizagem? Por sua vez, por conta dos avanços tecnológicos, as empresas têm passado por processos de atualização tecnológica – automação de processos organizacionais – que levam à redução de empregos, à racionalização de custos, como resposta à globalização de mercados. Portanto, o mundo em constante mudança impõe novos valores para a Educação, em que a busca da autonomia do estudante é uma exigência.

Enquadram-se como métodos ou técnicas ativos de ensino os seguintes: Aula de prática em laboratório de informática, Aula Prática em Laboratório de Psicologia, Técnica de perguntas e respostas, Trabalho em grupo, Método de resolução de problemas, Método de projetos, Trabalho em grupo, Método de estudo de casos, Método de estágio em empresas, Estudo dirigido, Fichas Didáticas, Instrução programada, Sala de aula invertida, Exposição rápida, Gamificação, História da Psicologia, Abordagem dojô.

De modo geral, pode-se dizer que os métodos tradicionais são aqueles que têm aplicação individual; já os métodos ativos têm características socializantes; não é o caso dos métodos listados a seguir, cuja característica é o trabalho autônomo do estudante: Estudo dirigido, Fichas didáticas, Instrução programada.

Nos métodos ativos, o protagonismo é do aluno, espera-se que ele seja o condutor e o responsável pela sua aprendizagem, mas há muito trabalho para o professor, muitos papéis a desempenhar que eram relevados nos métodos tradicionais (Brasil, 1998):

1) Organizador da aprendizagem: com base no conhecimento das condições socioculturais, nas expectativas e na competência cognitiva dos alunos, ele dosa os problemas que possibilitem a construção do conhecimento, considerando os objetivos que precisam ser alcançados;

2) Facilitador da aprendizagem: ele não é o expositor de todo o conteúdo aos alunos, mas lhe cabe prover as informações necessárias que os estudantes não têm condições de obter sozinhos, seja fazendo explanações complementares, seja fornecendo materiais adicionais para a aprendizagem;

3) Mediador: cabe-lhe o papel de mediador nas sessões de exposição por parte dos alunos e nos debates realizados, orientando reformulações, fazendo questionamentos, disciplinando intervenções e contestações, encaminhando soluções para os problemas encontrados e que os estudantes não consigam resolver;

4) Organizador das atividades: cabe-lhe ainda organizar as atividades, estabelecendo cronograma com prazos e recursos que devem ser levados em conta pelos alunos;

5) Incentivador da aprendizagem: cabe-lhe acompanhar os trabalhos em desenvolvimento, cooperando na remoção de obstáculos que possam aparecer, e estimulando a cooperação entre os estudantes;

6) Avaliador do processo de aprendizagem: pelo meio dos instrumentos de avaliação (testes, provas, trabalhos desenvolvidos), pela observação dos estudantes durante as atividades, e pela interação direta com eles, o professor exercita este papel, com o qual pode julgar o alcance ou não das capacidades referidas nos objetivos da disciplina; em caso negativo, é necessário fazer ajustes na prática pedagógica para que os objetivos sejam atingidos; complementa esta função de avaliação contato direto com os estudantes a respeito de avanços verificados, dificuldades percebidas, formas de superá-las.

A seguir são descritos métodos e técnicas de ensino de que o docente de Psicologia pode lançar mão no seu trabalho. Dependendo do conteúdo da disciplina a ser ministrada, das suas características teóricas e práticas, das habilidades e das competências que precisam ser desenvolvidas no seu âmbito, o professor seleciona o método ou os métodos que serão utilizados para tópicos específicos, com os ajustes que julgar pertinentes em vista das condições de ensino que precisa atender e do que acha conveniente adaptar.

Para tanto, ele leva em conta o que cada método ou técnica possibilita em termos de exercitação de uma habilidade ou de uma competência específica ou de várias delas. É preciso dizer também que métodos e técnicas são descritos abaixo em linhas gerais: cabe ao professor, não só selecionar os que lhe convém, mas os executar da forma como julga mais apropriado. Pois, como citado em outra parte do livro, a prescrição não cabe ao trabalho do professor.

Que critérios devem ser levados em conta para a escolha de métodos ou técnicas de ensino apropriadas para dada ocasião? Primeiramente, os objetivos a serem alcançados com a atividade;

informações a respeito dos alunos pertencentes à turma; o tempo disponível para a atividade; o assunto a ser abordado, e suas exigências particulares; os recursos disponíveis para a atividade. Com base nesses elementos, o professor faz suas escolhas.

Para aplicar algum dos métodos e técnicas de ensino listados a seguir, o professor deve explicar antes sua sistemática detalhadamente para os alunos, informando as datas de entrega parcial e final de trabalhos, os marcos estabelecidos, os momentos de avaliação.

Independentemente do método ou técnica de ensino escolhido, algumas exigências são postas: rigor metodológico, de alguma forma deve ensejar que o estudante realize pesquisa, seja bibliográfica, seja documental, seja por meio de instrumentos de coleta de dados, como entrevistas, questionários, etnografia. Da mesma forma, a aplicação do método ou técnica deve respeitar a ética, levar a que o estudante aprenda a ouvir o outro. Deve trabalhar no sentido de conseguir que o estudante exercite a autonomia, aguce sua curiosidade, e capte a realidade em que vive.

Os exemplos de utilização dos métodos listados a seguir fazem parte da abordagem que emprego quando ministro as disciplinas citadas.

7.2 DESCRIÇÃO DE MÉTODOS E TÉCNICAS DE ENSINO

A seguir, são descritos os métodos e as técnicas de ensino que são utilizados ou que podem ser explorados na área de Psicologia. Como exemplo deste último caso, pode-se apontar a Abordagem dojô, trazida da área de Computação, em que é referida como "Codificação dojô". A intenção é apresentar uma relação extensa de métodos e técnicas, de onde o professor pode recolher os que julga adequados quando fizer o planejamento de suas disciplinas, levando em conta objetivos buscados e competências e habilidades que precisam ser desenvolvidas ou reforçadas nas atividades respectivas.

7.2.1 AULA EXPOSITIVA

É a técnica mais tradicional de ensino e, certamente, a mais utilizada em todos os níveis de ensino. Consiste na apresentação de um tema específico pelo professor, que o estrutura logicamente, normalmente, partindo de contextualização ampla, fazendo as conexões necessárias entre conceitos, até chegar ao tópico desejado. Outras características desejáveis da apresentação: que seja fundamentada; que lance mão de dados, informações e conhecimentos atualizados; que valorize aspectos críticos dos assuntos abordados, de modo que aguce a criticalidade[20] dos estudantes.

Toda área apresenta jargão próprio: os termos técnicos são explicados à medida que a exposição avance, para torná-la compreensível para os iniciantes.

Dependendo da condução do professor, a posição do estudante pode ser passiva ou não. Busca-se maior participação do estudante como um valor atual da Didática. Mesmo nesta abordagem, enquadrada como tradicional, por ser o professor o protagonista, isto pode ser conseguido. De que forma? O professor pode incentivar a interação com os estudantes, dirigindo-lhes perguntas a respeito do tema abordado, como também se dispondo a responder seus questionamentos.

Há uma precondição para ser didático: ter domínio do conteúdo a ser ministrado. Este domínio possibilita que o professor concatene os assuntos apropriadamente, tornando-os compreensíveis; prepare esquemas ou diagramas esclarecedores.

O professor informa o objetivo de sua aula, destaca a importância do tópico a ser abordado, contextualiza-o, informa como preten-

---

[20] Criticalidade – condição ou qualidade crítica.

de abordá-lo, revisa os assuntos que dão suporte ao tópico, e diz como o objetivo será avaliado. Durante a contextualização, o docente procura conseguir a participação dos estudantes por meio de perguntas, ou colocando-se à disposição para responder a questionamento dos alunos.

Uma das críticas apontadas por estudos realizados é de que há limite de atenção dos alunos em uma aula expositiva. Por exemplo, pesquisa feita com estudantes universitários por Joan Middendorf & Alan Kalish (1996) *apud* Khan (2013) constatou que a atenção dos alunos se esgotava após dez ou quinze minutos em aula de uma hora de duração, independentemente da competência do professor. Uma sugestão que os pesquisadores fizeram para conseguir renovar a atenção dos estudantes: estabelecer dois ou três momentos de mudança de ritmo – com pequena pausa para discussão em grupo, resolução de problemas, por exemplo – para retomar a concentração da turma.

Estudo posterior realizado por Maureen Murphy (2012) *apud* (Weinschenk, 2014) apontou na mesma direção de Middendorf & Kalish (1996). A autora sugere que a aula expositiva seja planejada em períodos de 20 minutos. A conclusão foi extraída a partir de experimento de Maureen Murphy (2012),

> em que adultos assistiram palestra de 60 minutos; testou-se o nível de memorização e receptividade em comparação com a mesma palestra dividida em períodos de 20 minutos, com pequenos intervalos (Weinschenk, 2014, p. 63).

A autora descobriu que as pessoas prefeririam as apresentações fragmentadas, além de assimilar melhor as informações e se lembrar delas até um mês depois.

Em razão dessa conclusão, Weinschenk (2014) sugere que se planeje um exercício ou atividade depois de 20 minutos; podem ser programados vários intervalos curtos em vez de um longo.

Há instituições de ensino que não adotam aula expositiva. É o caso da Harvard Business School, que utiliza o Método de Estudo de Casos (a ser descrito adiante).

Um problema apontado por Khan (2013) com as aulas expositivas é como tratar as dificuldades individuais dos alunos se há um calendário arbitrário para ser cumprido. Por exemplo, conceitos básicos que precisam ser compreendidos em profundidade para que haja domínio de assuntos mais complexos que os exijam. Nesse particular, se os estudantes que tiverem dificuldade com esses conceitos básicos não os assimilarem em tempo, como se haverão quando os assuntos mais complexos que exigem domínio daqueles conceitos forem ministrados? Provavelmente não os assimilarão. Para superar este problema, há necessidade de postura obstinada do docente – preenchendo devidamente a lacuna – sempre que constatá-la em sondagens ou em interações com os alunos. Como a lacuna pode ser preenchida? Com alguma atividade ministrada pelo professor para os estudantes envolvidos fora do horário regular, ou administrando-lhes estudo dirigido (mostrado adiante) a respeito do assunto.

COMUNICAÇÃO BEM-SUCEDIDA

A maior parte do sucesso de uma aula expositiva é devida à habilidade de comunicação oral do professor. Não somente a escolha das palavras apropriadas para passar uma mensagem é importante, como também aspectos relacionados à forma como é pronunciada: o tom (força), o timbre (grave, médio, agudo), o volume (alto, baixo, médio), a articulação, a dicção, a velocidade (lenta, média, alta) de voz são determinantes da boa comunicação.

Com relação à mensagem comunicada: se for possível contar um caso, associando-o ao conteúdo ensinado, é forma de o professor despertar mais interesse do estudante. Da mesma forma, procurar dar exemplos que tornem claros os conceitos ou os princípios abordados. Palavras novas e, possivelmente, não familiares aos alunos devem ser explicadas. As ideias mais difíceis devem ser repassadas mais de uma vez. Sendo possível, lançar mão de diagramas e quadros que facilitem a compreensão do assunto.

Uma questão que incomoda os estudantes é saber por que ele precisa estudar aquele dado assunto. Esta razão precisa ser abordada pelo professor. Como também a questão deve ser levada para a realidade, para o cotidiano do aluno, para lhe dar significação.

Para tirar os estudantes da passividade cômoda, é conveniente que o professor estabeleça diálogo com eles – respondendo seus questionamentos, e fazendo perguntas diretas em rodízio para eles.

Antes de iniciar a abordagem do tópico previsto para a aula, repassar os assuntos ministrados até o momento, em breves palavras.

Outra questão relevante é dispor de tempo para interação com os alunos fora do horário da aula. Isto exige disponibilidade do professor. Como para o caso – sempre presente – dos estudantes que demonstrem dificuldade no acompanhamento das aulas em decorrência de falha de aprendizado de assuntos de níveis anteriores. Quando percebido isto, cabe ao professor propor estudo dirigido ao estudante, recorrendo a textos adicionais, a vídeos, à internet, como forma de atenuar ou eliminar a barreira. Ignorar o problema do aluno, deixar que ele o resolva sozinho não é comportamento aceitável. Lembrando título do livro do professor Demo: "Ser professor é cuidar que o aluno aprenda".

De nada adiantam mensagens bem construídas se inaudíveis, se incompreensíveis (mal articuladas), se pronunciadas lenta ou rapidamente demais. Se pronunciada muito lentamente, a exposição torna-se monótona para a plateia. De alguma forma, a mensagem pode ser perdida nessas situações.

Dada a importância da pronúncia correta das palavras da mensagem, recomenda-se a leitura do Apêndice, que contém orientações a respeito da dicção, extraídas de Furtado (2016).

Depois que blocos de informação foram comunicados, é conveniente que o professor obtenha feedback dos alunos; isto pode ser feito por meio de pergunta, dirigida pelo professor aos alunos ou vice-versa.

Pela pertinência ou não do teor de perguntas feitas pelos alunos, às vezes, é possível deduzir se houve compreensão ou não do que foi exposto.

Aproximadamente 55% da comunicação de uma mensagem oral são expressões não verbais utilizadas, ou seja, são dadas pela postura corporal e pelos movimentos do professor: gestos faciais, gesticulação (mãos, braços, cabeça) (Phillips, 2004; Weinschenk, 2014).

Ainda a respeito da questão postural: é recomendável que o professor encare os estudantes, mantendo a cabeça ereta, não se fixando em alguém em particular, mas passando por todos; é desejável que não haja barreiras (mesa, púlpito) entre professor e alunos (Weinschenk, 2014). É desaconselhável que o professor permaneça sentado durante toda a aula; da mesma forma, não deve permanecer no mesmo lugar por muito tempo.

Chegar atrasado, consultar o relógio ou o celular constantemente, sair apressadamente no fim da aula são também comportamentos desaconselhados (Zóboli, 2000).

Pausas devem ser dadas antes e depois de afirmações importantes, para enfatizá-las. Pausas são dadas também quando há mudança de assunto (Weinschenk, 2014).

PROCEDIMENTOS PARA AULA EXPOSITIVA

Alguns procedimentos podem ser adotados na aula expositiva (Piletti, 2000):

– É primordial estabelecer o objetivo da aula no início, de modo que os alunos (e o próprio docente) avaliem, no fim, se foi alcançado ou não;

– É conveniente que a exposição seja dialogada; o professor pode propor situações que façam com que os estudantes reflitam e interajam, por meio de perguntas;

– A utilização de gravuras, fotos, painéis enriquece a exposição e constituem elementos mobilizadores da atenção dos estudantes; é o caso de utilização de slides para projeção, havendo a disponibilidade destes recursos. Para reforçar: a sabedoria milenar dos chineses expressa por meio de um provérbio destaca o valor de uma figura: "uma figura vale por dez mil palavras"; acréscimos foram feitos ao ditado chinês: "uma demonstração vale por dez mil figuras"; e "uma experiência vale por dez demonstrações" (Figueiredo, 1969);

– Como citado, exposição com tempo superior a 20 minutos leva a que o estudante perca a concentração; uma forma de impedir isto é fazer intervalos, em que são aplicados exercícios (objetivos ou mesmo subjetivos) que cubram o tema apresentado;

– Quando houver a retomada depois de uma pausa, recapitular os conceitos apresentados até o momento; isto vai facilitar a compreensão dos próximos tópicos a serem abordados;

– Nem sempre se consegue abordar tema de aplicação no cotidiano do estudante, mas, havendo possibilidade, devem ser exploradas as vivências dos alunos para enriquecer ou comprovar a exposição;

– Havendo sinal aparente de aborrecimento, enfado, cansaço, durante sua exposição, é momento de o professor fazer uma pausa para relaxamento por tempo determinado; isto pode ser feito por meio da sugestão de discussão em dupla de uma questão relacionada ao tema da aula, para ser apresentada depois da interrupção;

– É recomendável que o professor movimente-se pela sala durante sua exposição.

Um comentário final acerca da Aula Expositiva: a despeito de ser a técnica mais tradicional de ensino (como afirmado no início deste tópico), é a forma convencionalmente empregada em processos seletivos ou concursos públicos para professor. Dependendo do tipo de processo de seleção, o candidato submete-se à prova de títulos (apresentação de títulos acadêmicos, produção científica e técnica), à prova escrita (redação de texto acerca de tema sorteado no início da prova) e à prova didática (preparação de uma aula a respeito de tema sorteado com pelo menos 24 horas de antecedência, a ser ministrada diante da banca examinadora). Na prova didática, é observada a capacidade do candidato de planejar a aula, e de executá-la apropriadamente. Além da postura do candidato, são avaliados domínio do conteúdo e dos recursos didáticos, emprego de linguagem compreensível ao aluno e controle do tempo.

7.2.2 AULA DE DEMONSTRAÇÃO DE SOFTWARE

Como citado na Introdução deste livro, as Diretrizes Curriculares para os cursos de Psicologia apontam, como competência básica, que o formando tenha conhecimentos que garantam o uso de computadores e sua aplicação na área da Psicologia.

Isto significa que o profissional precisa ter conhecimento a respeito do funcionamento do computador e do seu uso. Afinal, o computador é a principal tecnologia para o apoio pedagógico; ele recebe, armazena e manipula grandes quantidades de informações; quando conectado em rede (e, em especial, à Internet) possibilita o acesso a bases de dados além-fronteiras e o intercâmbio de informações.

É preciso destacar que o computador não funciona sem software: aliás, o que potencializa sua utilidade é exatamente a disponibilidade de programas específicos para a área em que se deseja trabalhar.

Não se pode conceber hoje, em qualquer área, um profissional bem formado se não dominar esta tecnologia e se for incapaz de utilizá-la em seu trabalho.

Em particular, no ensino, o computador é útil no armazenamento e processamento de grandes volumes de dados, para fazer simulações, projeções; é útil ainda como meio de comunicação de acesso a redes internas (redes locais) e à Internet.

A utilização do computador pode ainda ser potencializada com o domínio de linguagens de programação: mesmo que inexista um programa para resolver dado problema específico, com o conhecimento de lógica de programação e de uma linguagem de programação (linguagem Java, linguagem PHP, linguagem C, linguagem C++, ou outra) pode-se, a rigor, resolver qualquer problema solucionável por computador.

Cabe destacar que, diante do computador, duas classes de usuários existem: aqueles que utilizam programas existentes para solucionar seus problemas e aqueles capazes de desenvolver programas para solucionar problemas de outrem; estes são os profissionais de computação (bacharéis em Sistemas de Informação e bacharéis em Ciência da Computação).

Foge ao escopo deste livro descer a minúcias sobre as tecnologias listadas.

Por simplificação, podemos identificar duas categorias de software: básico e pacotes específicos. O software básico é a categoria que inclui os sistemas operacionais e os tradutores de linguagens de programação (compiladores e interpretadores). Os sistemas operacionais (exemplos: Windows, Linux) que gerenciam os recursos dos sistemas de computação, e oferecem interface entre usuários e o computador.

Os pacotes de software específicos são programas escritos para solução de problemas determinados. Há também os editores de texto (MS-Word), as planilhas eletrônicas (MS-Excel), os pacotes gráficos (SmartDraw), os pacotes para gerenciamento de projetos (MS-Project e dot.Project).

Há os pacotes matemáticos/estatísticos e científicos (MatLab, Mathematica, Maple, SPSS, SAS, e outros).

Há ainda a categoria que potencializa o computador, estendendo sua utilização para solução de problemas novos – os pacotes de software por desenvolver, não encontrados no mercado. Sua construção exige (normalmente) domínio de lógica de programação e linguagem de programação, como afirmado, e é realizada por profissionais de computação – analistas e programadores.

Qualquer um destes produtos de software pode ser objeto de demonstração por parte do professor com vista à utilização dos estudantes da turma.

Nesta breve apresentação de produtos de software que podem ser demonstrados pelo professor em sala, é necessário citar também as bibliotecas virtuais, as bases de imagens e de mapas, as bases de vídeos, os simuladores (descritos a seguir).

BIBLIOTECAS VIRTUAIS

As bibliotecas têm caminhado na direção da virtualização (disponibilização do acervo para acesso virtual). Um exemplo de biblioteca de domínio público é o Portal de Periódicos da CAPES (Coordenação de Aperfeiçoamento de Pessoal de Nível Superior). Oferece acesso a artigos em bases de dados e revistas nacionais e internacionais em: www.periodicos.capes.gov.br. O Portal Domínio Público[21] permite acesso a obras que tenham caído em domínio público, sem direito a copirraite. A Biblioteca Eletrônica Científica Online – SciELO – *Scientific Electronic Library Online*, implementada pela FAPESP (Fundação de Amparo à Pesquisa do Estado de São Paulo), dá acesso a artigos de diversas áreas de conhecimento; reúne países de língua portuguesa e espanhola (www.scielo.org).

O portal do professor, acessível no sítio eletrônico do MEC[22], disponibiliza textos que exploram a aplicação de conhecimento científico na vida cotidiana; estes textos podem ser resumidos e reproduzidos para trabalho em sala de aula. As áreas de referência dos textos são: Astronomia, Biologia, Ciências, Química, Física, Matemática, Artes, dentre outras.

Para apoio a aulas de Física do nível médio, pode-se utilizar o material produzido pelo Grupo de Reelaboração do Ensino de Física (GREF) do Instituto de Física da USP[23]. O material, impresso e em pdf, encontra-se distribuído em três volumes: o vol. 1 de Mecânica apresenta 34 leituras; o vol. 2 inclui duas partes – Física Térmica (23 leituras) e Óptica (23 leituras); o vol. 3 de Eletromagnetismo (40 leituras). O título do material é "Leituras de Física Gref Mecânica para ler, fazer e pensar" referente ao volume 1; os demais têm título idêntico, substituindo-se o assunto abordado (Gref, 2006a, 2006b, 2006c).

As leituras são enriquecidas com ilustrações, apresentam situações do cotidiano dos estudantes, trazem quadrinhos, exploram linguagem apropriada para o público de nível médio. Cada leitura é constituída de quatro páginas: a 1ª apresenta o assunto; as duas seguintes problematizam e abordam o conteúdo científico; a última

---

[21] www.dominiopublico.gov.br
[22] Para acessar: http://portaldoprofessor.mec.gov.br/materiais.html
[23] Para acessar: www.if.usp.br/gref

página traz atividades, exercícios e desafios. O professor pode selecionar as leituras de interesse para apoio a sua aula (*op. cit.*).

BASES DE IMAGENS E DE MAPAS

Recurso valioso na preparação de conteúdo. Exemplos de servidores de imagens são o *Flick* e o *Picasa*. Servem como fonte de pesquisas, edição e organização de fotos públicas e pessoais. O *Google Maps* é a base de mapas; com ele é possível localizar mapas, desenhar rotas. O *Google Earth* possibilita visitar locais do planeta.

BASES DE VÍDEOS

Um vídeo expressa uma situação, um evento histórico, algum aspecto cultural que se queira destacar. O *YouTube*[24] é um grande repositório de vídeos, que podem ser recuperados por tema; é possível compartilhar os vídeos próprios.

SIMULADORES

Permitem criar situações experimentais e visualizar fenômenos, virtualmente, explorando situações em que as experiências reais envolveriam risco de acidentes e consumo de material. Por exemplo, podem ser citados os simuladores que fazem experimentação com materiais radioativos. Portanto, os experimentos virtuais utilizam software simulador, com a vantagem do baixo custo (não há consumo de material) e não há risco de acidente. Com isto, as experiências reais (em laboratório) podem ser reservadas para situações que não envolvam consumo de material, nem riscos de acidentes.

Há simuladores e laboratórios virtuais disponíveis para a área da Psicologia. Como exemplo, pode-se citar o PSYSIM[25], solução educativa desenvolvida com o fim de permitir que os estudantes de

---

[24] www.youtube.com
[25] http://www.uniminuto.edu

Psicologia aperfeiçoem sua capacidade de avaliar, diagnosticar e intervir como psicólogos. Este produto é direcionado para as quatro áreas mais importantes da Psicologia: clínica, educativa, social e organizacional. Outro exemplo pertencente à mesma organização é o simulador Sniffy, rato digital utilizado para demonstrar interativamente os princípios do condicionamento comportamental. Com o produto, os alunos podem explorar todas as variantes do condicionamento clássico e operante, por meio de treino de seu próprio "rato virtual" para que realize determinados comportamentos com base em diferentes estímulos como incentivo.

É provável que em pouco tempo, outros produtos com propósitos semelhantes estarão disponíveis, dando autonomia ao estudante para a aprendizagem na área de Psicologia, como já ocorre no ensino de Matemática, Física e Ciências.

A título de ilustração: um exemplo de ambiente de software simulador muito utilizado no ensino de Ciências e Matemática é o PhET[26] – *Interactive Simulations for Science and Math* (Simulações Interativas para Ciências e Matemática), da Universidade do Colorado em Boulder, que nasceu de projeto iniciado em 2002 pelo professor Carl E. Wieman (ganhador do Nobel de Física de 2001, com Eric Cornell). As áreas cobertas pelas simulações interativas (gratuitas) disponíveis: Química, Física, Matemática, Biologia, Ciências da Terra e Astronomia.

Uma opção ao PhET é o conjunto de objetos educacionais que compõem a obra digital "Física Vivencial: uma Aventura do Conhecimento", acessível pelo sítio do MEC, pelo portal do professor, ou por http://www.fisicavivencial.pro.br.

Os objetos educacionais disponíveis são de quatro tipos:

---

[26] Acessível em Português por https://phet.colorado.edu/pt_BR/. Acessível em inglês por: https://phet.colorado.edu/

1) TV: programas de televisão que rodam no computador (também chamado de webtv); estão disponíveis 24 programas;

2) Audio (também chamado webradio): programas em áudio que rodam no computador (ou Ipod, MP3);

3) Experimentos Educacionais contém 40 experimentos, relacionados à Física (os experimentos disponíveis são listados abaixo);

4) Simulador (também chamado de "laboratório digital"): contém 120 simuladores.

Todos os exemplares dos artefatos acima precisam ser baixados para o computador do estudante ou professor para uso.

BLOGS

São ferramentas úteis para desenvolver a habilidade de escrita dos estudantes, o senso de responsabilidade ao publicar seus "posts" no que tange a direitos autorais, o cuidado de ler e reler os textos antes de publicá-los.

REDES SOCIAIS ACADÊMICAS

Koiné: interliga as unidades de educação do Sistema S (Senai, Senac). Serve de mural virtual para a comunicação entre os agentes da educação (professores e estudantes), serve de ponto de encontro entre estudantes de mesmo curso, permitindo a realização de tarefas em colaboração. Dúvidas são lançadas na rede, quem sabe responde, estabelecendo-se cooperação profícua entre as partes (Costa, 2013).

PLATAFORMAS EDUCACIONAIS

KHANACADEMY[27]: norte-americano Salman Khan.
Mais de 4500 vídeoaulas, com aproximadamente 10 min cada, preparadas para serem vistas no computador. Áreas cobertas pelas vídeoaulas (em inglês): Química, Química Orgânica, Matemática, Biologia, Física, Cosmologia e Astronomia, Finanças e Mercado de Capitais, Microeconomia, Macroeconomia, Cuidados com a saúde, Medicina. A parte de Matemática abrange: Aritmética e Pré-álgebra, Álgebra, Geometria, Trigonometria, Pré-cálculo, Cálculo, Probabilidade e Estatística, Equações Diferenciais, Álgebra Linear, Matemática Aplicada, Matemática para Recreação.

Vídeoaulas em português (fundacaolemann.org.br/khanportugues) – mais de 400 vídeoaulas. A plataforma atual permite que estudantes de 3ª a 5ª série do Ensino Fundamental assistam aos vídeos e façam os exercícios propostos. A interação de cada estudante é registrada e enviada ao professor em tempo real, permitindo-lhe saber o nível de aprendizado da turma e, em especial, podendo cuidar dos estudantes que apresentaram dificuldades registradas por ocasião da interação com a plataforma.

VEDUCA: plataforma de cursos abertos para massa (da sigla em inglês – MOOC – *Massive Open Online Course*), que oferece aulas gratuitas de ensino superior, modelo de grande sucesso adotado nos Estados Unidos pelo EDX (plataforma on-line do MIT, Stanford e de Harvard) e Coursera (de outras universidades de primeira linha, num total de 14 instituições) e as três universidades estaduais paulistas (USP, Unesp e Unicamp). O portal de educação Veduca reúne cerca de 5,3 mil vídeoaulas de algumas das melhores universidades do mundo. As vídeoaulas podem ser vistas no endereço www.veduca.com.br. Os 251 cursos on-line e gratuitos disponíveis atualmente estão organizados em 21 áreas do conhecimento

---

[27] www.khanacademy.org.

que cobrem toda a gama de assuntos do ensino superior. O EDX tem cerca de 800 mil estudantes inscritos em 23 cursos oferecidos. Os recursos utilizados nos cursos não são apenas vídeoaulas expositivas: há exercícios e avaliação virtual. Os estudantes aprovados recebem um certificado do EDX. Nesta modalidade de ensino não há a figura do tutor (comum no ensino a distância): a aprendizagem ocorre a partir dos materiais a que os estudantes têm acesso e pela interação entre os participantes nos fóruns de discussão (Lordelo, 2013).

EVOBOOKS: desenvolve livros-aplicativos para serem usados em sala de aula, mas que não dependem de acesso à internet (ainda uma dificuldade grande nas escolas brasileiras, como citado).

DESCOMPLICA: *site* surgido em março de 2011, que tem disponível mais de 3500 videoaulas.

EASYAULA: portal de cursos presenciais e on-line de preparação ao mercado de trabalho. Os *sites* acima utilizam ferramentas diversas: vídeos, *games*, aplicativos, conteúdos para celular, fóruns.

TEACHTHOUGHT: plataforma on-line para educadores. Com a disponibilização de conteúdo online, as aulas podem ser utilizadas para fazer exercícios, pesquisas pessoais, trabalhos em grupo e apresentações. São as chamadas aulas invertidas.

Game Manga High (plataforma pertencente à empresa inglesa): propõe exercícios lúdicos dirigidos para o ensino de Matemática, para estudantes do ensino fundamental e médio. Áreas abrangidas pelos *games*: trigonometria, áreas e perímetros, reflexões, rotações, fatoração em números primos. Forma de uso: como exercício em sala de aula ou como tarefa para casa. Os jogos registram os desempenhos dos estudantes inscritos, permitindo que o professor proponha desafios diferentes para os estudantes, dependendo do nível de cada um. Há possibilidade de que os estudantes compitam entre si e com outras escolas. A possibilidade de errar sem problemas constitui um atrativo. As atualizações dos jogos ocorrem a cada seis ou oito meses, fazendo com que os estudantes tenham algo novo a descobrir com frequência. Por oportuno, registre-se que os *games* isoladamente não resolverão o problema do ensino – e isto pode ser afirmado para qualquer estratégia que se venha a propor – mas a variedade de estratégias é eficaz em manter o interesse e a motivação despertos (Gomes, 2012).

BANCO INTERNACIONAL DE OBJETOS EDUCACIONAIS

Possui objetos educacionais de acesso público, com formatos variados e para todos os níveis de ensino. Possui no momento mais de 19600 objetos publicados. Em Educação Superior, na área de Ciências Exatas e da Terra, em Matemática, listam-se Animações/Simulações, Experimentos Práticos, Hipertextos, Imagens, Softwares Educacionais e Vídeos. Acessível por:

http://objetoseducacionais2.mec.gov.br.

EDUCOPÉDIA (www.educopedia.com.br): trata-se de iniciativa da Secretaria Municipal de Educação do Rio de Janeiro, a Educopédia é um portal de aulas digitais que abrangem todas as nove séries do Ensino Fundamental, Educação de Jovens e Adultos, Educação Especial e Cursos para Professores. Contém material para a preparação do professor, apresentação de conteúdo em *slides*, vídeos e jogos. O professor decide a forma e o que utilizar do portal.

Decididamente, não são poucas as opções de artefatos digitais para apoio às atividades do professor. Depois que fizer a escolha daqueles que julga úteis para seus objetivos educacionais, ele pode começar a usá-los; para isso, programa uma aula de demonstração em sala, em que apresente os principais recursos disponíveis do artefato, descreve sua interface, em que situações o estudante pode utilizá-lo. Para assegurar que os estudantes o utilizem, o professor atribui tarefas associadas ao emprego, valendo alguma pontuação para a nota final da disciplina.

7.2.3 AULA PRÁTICA EM LABORATÓRIO DE INFORMÁTICA

A relação de software ou artefatos digitais que podem ser de interesse do estudante de curso de graduação em Psicologia foi apresentada na Seção 7.2.2. Como é o caso para qualquer atividade programada pelo professor, o planejamento é importante para não haver perda de tempo particularmente nesta aula prática.

Algumas providências devem ser tomadas:

1) Instalação do software a ser utilizado na aula: a menos que faça parte do plano de aula (a instalação), o monitor do laboratório deve verificar se o software necessário encontra-se devidamente instalado em cada estação de trabalho;

2) Roteiro com as tarefas que serão desenvolvidas pelos estudantes na aula prática, e com indicação de resultados que serão repassados ao professor;

3) É desejável que uma aula prática seja marcada em laboratório de informática depois de aula de demonstração ter sido realizada em sala de aula. Isto como forma de racionalizar o tempo em laboratório e evitar desperdício de tempo;

4) Cuidados com a realização da aula prática: para evitar dispersão dos estudantes com a execução de atividades que não tenham relação com o objetivo da aula (navegação na Internet, distração com conversas, execução de atividade não relacionada à aula), é conveniente que o roteiro explicite o objetivo da aula e que as tarefas sejam detalhadas. Dependendo do número de alunos da turma, pode ocorrer de não ser possível que cada aluno fique em uma estação de trabalho (alocação ideal – cada aluno em uma estação); dependendo do tamanho da turma, deve haver monitores para acompanhar as atividades dos estudantes nas estações.

7.2.4 AULA PRÁTICA EM LABORATÓRIO DE PSICOLOGIA

Na Introdução, com base nas Diretrizes Curriculares Nacionais pertinentes ao curso de graduação, foi ressaltado o caráter experimental da Psicologia, o que reforça a necessidade de que o estudante faça experimentos em laboratório relacionados aos conteúdos da área, possibilitando a verificação e a comprovação de conceitos e fenômenos da Psicologia. Para efeito de enquadramento, considere-se que a aula prática citada aqui se refere àquela realizada em qualquer dos laboratórios específicos que um curso de graduação em Psicologia dispuser para uso por seus professores e alunos, seja para aulas práticas de Psicologia, de Biologia, de Física, ou de qualquer outra área.

Da mesma forma, é elemento importante da aprendizagem o conjunto de vivências que vão compondo a formação do profissional: a participação em práticas de laboratório possibilita isto. O fato de ter participado da realização de atividades experimentais possibilita o reforço e a consolidação da aprendizagem, seja pela compreensão da forma como um fenômeno psicológico, físico, químico ou biológico é desencadeado, por que ocorre, em que condições isto se dá, seja pelo levantamento de dúvidas (que persistiram da aula teórica em sala) que pode propiciar aprendizagem quando vistas na aula prática.

As aulas práticas em laboratório são mais estimulantes, fazem com que os estudantes tenham atitude ativa, e possibilitam ainda a socialização entre eles: grupos de alunos ocupam bancadas em que todos os instrumentos necessários à experimentação estão disponíveis, como também um roteiro a ser seguido.

O roteiro apresenta os objetivos da experiência, a descrição dos métodos que serão empregados e a revisão teórica dos conceitos e dos fenômenos envolvidos (Schneider & Azevedo, 2013).

Como conclusão do trabalho efetuado no laboratório, para cada bancada, um relatório é preparado no fim da aula e entregue ao professor como comprovação da realização da experiência. Este relatório contém o registro das tarefas executadas, as medições e a descrição dos fenômenos físicos verificados, a análise crítica da validade dos resultados, extraindo-se conclusões lógicas fundamentadas do que tiver sido obtido.

São exemplos de laboratórios (dentre outros possíveis) que os cursos de graduação em Psicologia podem disponibilizar para seus alunos:

1) *Laboratório de Processos Psicológicos Básicos*: para prática de ensino e pesquisa, envolvendo utilização de animais de laboratório, processos básicos de aprendizagem humana, pesquisa sobre o efeito de drogas no comportamento animal, pesquisa sobre patologias relacionadas ao Sistema Nervoso, etc.;

2) *Laboratório de Psicologia Escolar e Educacional*: para prática de disciplinas e estágios curriculares na área da Psicologia da Educação;

3) *Laboratório de Psicologia Clínica e da Saúde*: para atendimentos psicológicos da comunidade universitária e da população;

4) *Laboratório de Psicologia Social e Comunitária*: para ações de melhoria da qualidade de vida e da realidade psicossocial de populações carentes;

5) *Laboratório de Psicologia Organizacional e Trabalho*: para promoção da qualidade de vida no trabalho e desenvolvimento de recursos humanos.

7.2.5 TÉCNICA DE PERGUNTAS E RESPOSTAS

Esta técnica pode ser utilizada durante a aula expositiva, com o objetivo de avaliar a compreensão conseguida até determinado momento da aula, como também para revisar o que foi exposto.

Não há intenção aqui de atribuir notas pelas respostas oferecidas pelos alunos.

Há variações na utilização desta técnica. A aula pode ser programada como revisão antes de passar à unidade seguinte do programa da disciplina, ou em data anterior a uma avaliação somativa (aquela avaliação que leva aos registros acadêmicos). Isto faz com que os estudantes estudem (revejam) em casa os tópicos a serem abordados na aula. Normalmente, a pergunta é dirigida pelo professor a um aluno determinado ou à classe. Como revisão, os estudantes podem dirigir perguntas ao professor para reforçar pontos em que haja dúvidas.

A utilização desta técnica possibilita que o professor avalie o nível de entendimento da turma dos assuntos tratados; ao mesmo tempo, permite que ele avalie a capacidade de expressão e de argumentação dos alunos.

Uma variante desta técnica é utilizá-la como um jogo: os estudantes formam grupos; as perguntas são dirigidas ao grupo; um aluno do grupo é escolhido para apresentar a resposta. Os acertos são acumulados; no fim da aula, tem-se o grupo vencedor do jogo, com direito a brinde determinado pelo professor aos participantes do grupo vencedor.

Outra variante (Piletti, 2000): o professor indica os temas das perguntas e as fontes ou os capítulos do livro-texto (utilizado na disciplina) que deverão ser estudados pelos alunos. Os alunos estudam o material indicado. O professor prepara uma lista de perguntas. Na aula, o docente dirige a primeira pergunta à turma, e aguarda que um voluntário a responda. Se isto não ocorrer, ele aponta um aluno para respondê-la. Depois que a resposta foi dada, o docente pergunta se os demais estão de acordo. Se houver discordância, ele passa a palavra para quem discordou apresentar sua resposta. A discussão segue até que se chegue à resposta correta (questão objetiva) ou a uma resposta satisfatória (questão subjetiva). O docente passa então à próxima pergunta, obedecendo a mesma sistemática. Ele precisa ficar atento para que todos participem da discussão, mesmo os alunos tímidos e arredios. Pouco antes do tempo da aula se esgotar, o professor faz uma síntese do que foi debatido, com as principais conclusões obtidas.

O professor pode organizar uma gincana cobrindo tópicos da disciplina que ministra, a ser realizada em sala de aula, com os alunos formando grupos com 3 ou 4 participantes. O professor lança a pergunta para um dado grupo responder; resposta correta confere 1 ponto para o grupo; se a resposta for errada (não sendo questão de resposta binária), a pergunta é passada para o próximo grupo, até que haja acerto. As questões previamente elaboradas pelo professor são exibidas pelo projetor no quadro. Os alunos não têm acesso antecipado às questões, nem sabem a ordem em que aparecem. No final, os participantes do grupo vencedor recebem brinde pela vitória. Caso haja empate no primeiro lugar, providencia-se uma forma de desempate (por sorteio, por exemplo).

7.2.6 TRABALHO EM GRUPO

A aprendizagem ocorre na interação entre professor e alunos, mas também na interação aluno-aluno. Esta técnica desenvolve a socialização dos estudantes, aprimorando a convivência entre eles; possibilita que o aluno reconheça limitações em si e nos outros. Baseia-se na troca de ideias e de opiniões para desenvolvimento de dado trabalho de forma cooperativa. Exercita a capacidade de conciliação, que leva à convergência de opiniões. Os grupos podem ser formados para uma atividade em sala de aula como para exercícios de fixação, ou para execução de trabalhos (de elaboração mais demorada) fora da sala de aula.

Esta prática docente foi criada por Kurt Lewin (psicólogo alemão-americano, 1890-1947), que formulou a teoria do campo psicológico. De acordo com esta teoria, o comportamento não é condicionado apenas pelas percepções individuais, mas também pelo espaço vital (ou campo psicológico) de que participa a pessoa (por exemplo, família, escola, igreja, trabalho). As dinâmicas de grupo são resultado do trabalho de Lewin (Zóboli, 2000).

Várias habilidades são praticadas no trabalho em grupo: a habilidade de liderança e o senso de responsabilidade; a habilidade de tratar com os colegas, reconhecendo as diferenças individuais e aceitando-as; a possibilidade da troca de conhecimentos; o respeito aos argumentos do colega, que pode ter ideia diferente; a capacidade de resolução de possíveis conflitos no grupo; a capacidade de conciliação para alcançar a convergência diante até de posições antagônicas; a exercitação da ética e da empatia para aprimorar a convivência. Além disso, esta técnica desenvolve o senso crítico por possibilitar que o estudante avalie continuamente suas próprias propostas, como também as apresentadas pelos colegas; desenvolve ainda a criatividade pelo exercício de busca de soluções para os problemas a resolver (Zóboli, 2000).

A percepção das diferenças e das habilidades individuais é sentida no grupo: uns têm maior capacidade de concentração, com maior potencial para trabalhos com esta característica; outros apresentam mais habilidades de comunicação escrita; outros, com a comunicação oral, saindo-se melhor nas relações com usuários; outros possuem mais habilidade artística, com bom desempenho na concepção de projetos gráficos para interação com usuários, em que são exigidas soluções criativas e estéticas.

Todas essas habilidades são necessárias para a futura atividade profissional, já que as empresas funcionam apoiadas no trabalho em equipe, em que são reunidos profissionais com diferentes competências necessárias aos projetos em execução.

Quanto à formação dos grupos: podem ser formados espontaneamente, sem participação do professor, ou dirigidos pelo professor. Se o docente não interfere na formação, pode ocorrer a formação de grupos sem equilíbrio – grupos muito fortes (estudantes com melhor desempenho acadêmico) ou muito fracos (estudantes com baixo desempenho).

Zóboli (2000) lista três etapas do trabalho realizado em grupo: planejamento, ação do grupo (execução do plano) e avaliação.

Na etapa de planejamento do trabalho em grupo, os alunos estabelecem os objetivos a alcançar, analisam as alternativas a serem consideradas para atingir os objetivos propostos, relacionam os recursos necessários para o desenvolvimento do trabalho e definem quem vai fazer o quê e em quanto tempo, e define-se quando será a próxima reunião para avaliar o andamento dos trabalhos e dos resultados.

Na etapa de execução do plano de trabalho três passos são seguidos: 1) coleta de dados, em que os membros do grupo buscam materiais relacionados à temática da tarefa (livros, revistas, internet, entrevistas); 2) redação, a partir dos materiais coletados, julgados apropriados para a feitura do trabalho; 3) conclusão, em que o trabalho é revisado pelo grupo, e produzido na forma como deve ser entregue para avaliação pela turma (se houver) e pelo professor (Zóboli, 2000; Piletti, 2000).

7.2.7 MÉTODO DE RESOLUÇÃO DE PROBLEMAS

Este método consiste em apresentar problemas instigantes aos alunos que os motivem a buscar – por meio de reflexão, de análise crítica, de criatividade e de pesquisa – uma solução satisfatória (Piletti, 2000). Trata-se de um treinamento para situação comum no dia a dia de qualquer profissional: a solução de problemas. A perspectiva é a de Carvalho (1994, p. 82): "não se aprende Matemática para resolver problemas e, sim, se aprende Matemática resolvendo problemas". Vale dizer, parodiando Carvalho: "não se aprende Psicologia para resolver problemas e, sim, se aprende Psicologia resolvendo problemas". Para ela, qualquer situação que favoreça a aprendizagem deve constituir-se em situação-problema a ser proposta para os estudantes; a situação deve ser interessante o suficiente que os instiguem a buscar a solução.

Esta abordagem consiste na proposição de um problema ou questão psicológica que exija a aplicação de conceitos, princípios, métodos e ferramentas da área de Psicologia, cuja solução exige que os educandos obtenham informações sobre ele, provavelmente explorando novos conceitos relacionados à disciplina em questão, para compreendê-lo, estabeleçam um plano de ação e o executem para obter a solução desejada e, por fim, avaliem se a solução é satisfatória; se não for, identifiquem o que precisa ser refeito, até obter a solução esperada. Criatividade, análise crítica, tomada de decisão, planejamento, execução e avaliação são habilidades exigidas nesta abordagem. Portanto, quanto ao problema considerado aqui: não se trata de exercício que requeira aplicação mecânica de fórmula matemática ou de algoritmo, ou que se atenha à indicação de técnica ou método específico da área de Psicologia. Ao contrário: deve exigir o uso de legislação, jurisprudência, doutrina e outras possíveis fontes da Psicologia, com o desenvolvimento de argumentos coerentes, com o recurso de fundamentos psicológicos, éticos, filosóficos, políticos, econômicos, organizacionais, sociológicos e teóricos da área com o seu desdobramento prático, de modo que o estudante exercite a articulação consistente destes elementos todos.

Experiências de aprendizagem com ênfase na resolução de problemas já eram realizadas em 1896 por John Dewey, que propunha que a orientação pedagógica fosse implementada por meio da concretização de projetos (Palmer, 2005). No âmbito da Educação Científica, sua utilização busca contrapor-se ao ensino centrado em exercícios e memorização e, no Brasil, os estudos envolvendo sua utilização datam da segunda metade da década de 1980 (Zorzan, 2007).

Um autor importante nesta abordagem é George Polya (1995) que, com sua obra *How to solve it*, lançada em agosto de 1944, embasou muitas pesquisas nesta área. Segundo sua proposta, a resolução de um problema é dada pela execução de quatro fases: a primeira – *Compreensão do problema* – busca compreender todos os aspectos relevantes ao problema em questão; a segunda, *Elaboração de um plano de trabalho*, na medida em que todos os elementos inter-relacionados tenham sido identificados e compreendidos, e a conexão entre a incógnita e os dados é percebida, o plano pode ser produzido; a terceira, a *Execução do plano proposto*; e a última, a *Avaliação da solução obtida*, que consiste em rever e discutir a solução.

Polya (1995) apresenta um roteiro detalhado com questões e orientações para cada uma das fases de solução de um problema matemático. Por exemplo, as questões da fase 1 são: Qual é a incógnita? Quais são os dados? Qual é a condicionante? É possível satisfazer a condicionante? A condicionante é suficiente para determinar a incógnita? Ou é insuficiente? Ou redundante? Ou contraditória? Trace uma figura. Adote uma notação adequada. Separe as diversas partes da condicionante. É possível anotá-las?

Nesta abordagem, o docente propõe problemas que exijam investigação e exploração de novos conceitos. Os problemas propostos podem envolver outras áreas de conhecimento, o que torna as aulas mais interessantes. É conveniente que os problemas exijam raciocínio criativo, e não se restrinjam a atividades repetitivas, seguindo modelos predeterminados, o que leva a desinteresse da turma. A capacidade de enfrentar situações inesperadas exige que os estudantes aprendam novos conhecimentos e desenvolvam novas habilidades. Portanto, a perspectiva faz com que os estudantes exercitem o "aprender a aprender". A habilidade para resolver problemas é importante para a vida do estudante, daí porque esta perspectiva deve ser incentivada na educação, de modo geral.

No que tange ao ensino de Psicologia, a resolução de problemas possibilita que o educando assimile conhecimento necessário para sua solução, relacionado à disciplina em que a abordagem é empregada. A resolução de um problema envolve estudar minuciosamente o enunciado, elaborar um ou vários procedimentos de resolução (recorrendo a simulações, tentativas, análise de hipóteses), avaliar os resultados obtidos, validar os procedimentos adotados (Brasil, 1998).

A exigência de participação do educando em todas as etapas do processo de solução de problemas melhora significativamente seu desempenho. No que toca ao educador, é exigido seu envolvimento também em todas as etapas do processo, criando um ambiente estimulante para os educandos. É conveniente que seja estabelecido cronograma que preveja reuniões do docente com os estudantes de cada equipe para acompanhamento e avaliação dos trabalhos realizados até determinado momento. A turma de estudantes pode ser dividida em equipes; cada equipe é encarregada da solução de dado problema.

Mendes (2006) cita tipos de problemas que podem tratados com esta abordagem. Dentre eles, os problemas que envolvem situações da vida real, em que a formulação e o contexto não são totalmente explicitados no enunciado, exigindo que o solucionador busque informações complementares para interpretar e resolver o problema. Como se vê, há necessidade de coletar informações necessárias à compreensão para, então, selecionar estratégias de solução apropriadas.

Como é o caso para qualquer um dos métodos descritos neste Capítulo: o professor da disciplina escolhe a técnica mais indicada, com base nos seguintes fatores: conteúdo que precisa ministrar, objetivos de aprendizagem que tenham sido estabelecidos, e condições que dispõe para o seu trabalho e recursos com que conta para tal.

Com relação aos problemas da área de Psicologia a serem considerados se o professor decide adotar esta abordagem: os mesmos fatores apontados no parágrafo anterior são determinantes na escolha.

7.2.8 MÉTODO DE PROJETOS

O método de projetos tem como propósito transformar a atitude do aluno durante o ensino, tirando-o da passividade, já que nesta abordagem ele é encarregado de conceber, planejar, executar e avaliar seu próprio trabalho. O papel do professor com o emprego desta abordagem consiste em orientar os alunos, auxiliá-los quando necessário, acompanhar o andamento dos projetos, e avaliar os resultados intermediários e finais produzidos (Piletti, 2000).

Este método observa os mesmos princípios do método de resolução de problemas. A diferença entre ambos consiste no seguinte: o método de resolução de problemas tem caráter intelectual mais forte. O método de desenvolvimento de projetos permite que o escopo de atividades seja mais amplo: manuais, estéticas, intelectuais, sociais, de pesquisa, etc., levando à construção de objeto (protótipo, documento de especificação, laudo, software, plano) de forma concreta. Esta abordagem potencializa a capacidade de iniciativa dos estudantes e o trabalho cooperativo.

Sintetizando o que é pertinente a cada abordagem, pode-se afirmar que todo projeto pode constituir um problema, mas nem todo problema a ser resolvido constitui (ou possui os elementos que permitam que seja tratado como) um projeto (Zabala, 1998; Piletti, 2000).

Este método foi formulado por William Heard Kilpatrick (pedagogo americano, 1871-1965), que, em 1918, aproveitando-se dos estudos feitos por John Dewey, imaginou uma forma concreta de ensinar que levasse em conta a experiência do aluno como parte desse processo, e que a aprendizagem fosse significativa para o aluno, e que viesse ao encontro de seus interesses. Kilpatrick reconheceu gratidão a Dewey por tê-lo feito perceber que o interesse individual é ponto de partida crucial para a aprendizagem. A abordagem possibilita vincular a atividade acadêmica à vida real (Zabala, 1998; Marques, 2016).

O evento que serviu para conceder crédito a Kilpatrick pelo Método de Projetos foi a publicação no Teachers College Record, em 1918, do artigo *"The Project Method: The Use of the Purposeful Act in the Educational Process"* (O Método de Projeto: o Uso do Ato Intencional no Processo de Ensino). No artigo, Kilpatrick defendia que a escola preparasse o jovem para a vida adulta, e que não se limitasse a conhecimento formatado, apresentado por meio de manuais ou oralmente aos alunos, em que a memorização é a principal forma de aprender. Em vez disso, ele recomendava que houvesse aumento da capacidade de julgamento e de coordenação de diferentes influências do ambiente, para enriquecer a vivência individual. Ele dizia: se, ao fazer, é que se aprende, então é melhor praticar isto desde a escola como preparação para a vida, fazendo com que o estudante adquira experiência no planejamento e execução do projeto. Esta abordagem opõe-se ao ensino tradicional, em que o aluno é agente passivo – mero receptor de conteúdo (Marques, 2016).

Em resumo, o Método de Projetos proporciona ao estudante a vivência, e a experiência decorrente, de abordar um problema real, que oferece estímulo para a criatividade; além disso, aguça sua capacidade de observação para escolha de instrumentos adequados. Como o trabalho é desenvolvido em grupo, ele reconhece o valor do esforço cooperativo; como prazos são determinados para início e conclusão do projeto, os alunos são estimulados, ao mesmo tempo, a desenvolver a capacidade de iniciativa, a autoconfiança e o senso de responsabilidade (Piletti, 2000).

Os procedimentos normalmente adotados neste método são: seleção de um projeto a partir de sugestões apresentadas pelo professor ou pelos próprios estudantes; planejamento do projeto; coleta de informações necessárias ao desenvolvimento do projeto; execução das tarefas previstas no plano do projeto; exposição dos resultados do projeto em sala feita pela equipe que o executou; apreciação pela turma e pelo professor (Piletti, 2000).

APLICAÇÃO DO MÉTODO NO ENSINO DE PSICOLOGIA

Como de resto se pode dizer a respeito de todas as estratégias listadas neste Capítulo, o professor designado para dada disciplina é o único profissional que pode indicar a natureza, a complexidade do projeto a ser desenvolvido sob sua orientação e acompanhamento. São apresentadas abaixo sugestões, ponderações a respeito da aplicação da abordagem.

Sabedor das condições que lhe foram postas (tempo em que a atividade deve ser desenvolvida, disponibilidade dos alunos, recursos existentes, dentre outros fatores), o professor faz as escolhas que julgar apropriadas. É certo que o mesmo professor, em dada situação, adota algumas estratégias; em outra, pode optar por abordagens diferentes.

Uma forma de garantir efetividade desta abordagem é a participação do professor, por meio da orientação que oferece aos projetos em desenvolvimento, como também por meio da avaliação de estágios iniciais, intermediários e finais dos documentos produzidos, oferecendo retorno às equipes de estudantes com suas observações, possíveis recomendações e críticas. O resultado de aprendizagem fica comprometido se não houver este envolvimento do professor, com dedicação de tempo às tarefas que lhe cabe.

Esta abordagem tem aplicação na área de Psicologia. Algumas sugestões de projetos que podem ser desenvolvidos no âmbito do curso de Psicologia:

1) Projeto para concepção, organização e realização de gincanas para múltiplas áreas da Psicologia a serem realizadas anualmente pelo colegiado do curso específico da IES;

2) Projeto para estudo e identificação de suporte psicológico referente a fenômeno específico (fictício ou real) ainda não tratado adequadamente na área da Psicologia, com a elaboração de relatório ou laudo pertinente, a ser apreciado pela turma em sala de aula;

3) Projeto para elaboração de material didático e experimentos didático-científicos para utilização em apoio ao ensino de dado tópico do curso de graduação em Psicologia;

4) Projeto para desenvolvimento de ações de prevenção, promoção, proteção e reabilitação da saúde psicológica e psicossocial em empresa ou em comunidade, a ser indicada pelo professor da disciplina em questão.

Esta estratégia exige que o resultado do projeto seja apresentado em etapas (em duas ou mais), com a possibilidade de avalição por parte do professor, resultando em aprimoramentos feitos pelos alunos em decorrência das recomendações.

Há perda da oportunidade de aprendizagem se os estudantes não puderem ter avaliação antes da entrega definitiva do projeto, que possibilite que ajustes ou acréscimos sejam feitos – enfim, que aprimoramentos sejam efetuados antes da data-limite de entrega.

7.2.9 MÉTODO DE ESTUDO DE CASOS

Este é o método de ensino adotado pela Harvard Business School. A escola de negócios utiliza estudos de casos, mesmo para abordar matérias como contabilidade ou finanças. São retratadas situações reais, cabendo aos estudantes apresentar soluções para os problemas identificados ou análises críticas para os casos.

Os alunos leem o material dos casos com antecedência, cada um no seu tempo, de acordo com sua disponibilidade. O texto de um caso tem dez a vinte páginas, e apresenta dados sobre uma empresa ou os fatos a respeito de uma pessoa específica – o caso a ser estudado – e então os estudantes participam de discussão/debate em classe (com presença obrigatória).

Os professores promovem a discussão, não a monopolizam; eles coordenam as discussões, fazem as sínteses.

O resultado apontado pelos alunos é positivo em termos de aprendizado: segundo eles, não conseguem desligar-se das discussões; as ideias geradas nas sessões de debates são efetivamente assimiladas pelos participantes (Khan, 2013).

Esta abordagem pode ser utilizada em determinada disciplina dos cursos de graduação em Psicologia para estudar artigos científicos indicados pelo docente, associados a tópicos da ementa, que seriam analisados e debatidos em sala.

Outro exemplo de situação em que se poderia utilizar esta abordagem seria aquela proporcionada por disciplina que contivesse tópico a respeito de Ética Profissional.

Considere a contextualização a seguir. Um psicólogo desenvolveu como profissional de uma empresa do ramo industrial um software de modelagem de fenômenos psicológicos de interesse dela e que seria implantado para uso em todas as plantas da organização. Tão logo o produto foi finalizado, o profissional pediu demissão e recusou-se a entregar o código-fonte e a especificação do produto, que permitiria que a organização mantivesse seu uso e manutenção.

Para sua participação nos debates em sala, leve em conta as questões seguintes:

A) Que considerações você pode fazer a respeito do comportamento do profissional?

B) Com relação à gerência da organização à qual o profissional estava subordinado, que considerações você pode fazer acerca de possíveis falhas gerenciais ocorridas?

7.2.10 MÉTODO DE ESTÁGIO EM EMPRESAS

Esta abordagem não se trata do estágio que os estudantes realizam nas empresas como atividade complementar, ou mesmo o estágio supervisionado, que consta do currículo do curso. Nestas formas de estágio, cabe à empresa a definição das atividades que os estudantes desenvolverão.

Aqui a modalidade é diferente: os projetos de que os estudantes participam e os problemas com que se envolvem são definidos na negociação entre empresa e instituição de ensino, fazendo parte do convênio ou contrato celebrado. A liderança é exercida por gestores da empresa, sendo priorizada a solução de seus problemas, mas com aceite da instituição de ensino, de modo que a participação dos estudantes envolvidos leva a ganho de aprendizagem efetive para eles. Com isto, pretende-se evitar que os alunos participem de atividades sem relação com seu curso.

7.2.11 ESTUDO DIRIGIDO

Esta técnica consiste na solicitação de uma tarefa pelo professor ao estudante, com as orientações de como deve ser realizada. De posse disso, o aluno procura desenvolver o que lhe foi pedido. Se houver dúvidas, ele recorre ao professor para esclarecê-las. Quando concluir a tarefa, o estudante a entrega ao professor para avaliação. O professor pode requerer ajustes no resultado entregue; este processo iterativo segue até que o professor considere a tarefa concluída. Na aplicação da técnica, o professor leva em conta as diferenças individuais para atribuição das tarefas aos alunos; o ritmo de aprendizagem de cada um é respeitado com a utilização desta abordagem. Possibilita que o estudante desenvolva o pensamento reflexivo.

Ela permite ainda que o estudante desenvolva a habilidade de estudar de forma autônoma, sendo o agente principal de sua aprendizagem, o que lhe confere sentimento de independência. A abordagem possibilita que haja respeito ao ritmo próprio de aprendizado do estudante, e que ele desenvolva a habilidade de adquirir informações a partir da leitura. São exercitadas as capacidades de análise, de síntese, de crítica, de avaliação, de pesquisa, de argumentação e de contra-argumentação (Piletti, 2000).

O estudo dirigido pode ser realizado como atividade de classe ou de casa. A interação do professor com o aluno é indispensável durante a realização do estudo, e depois na avaliação dos resultados.

É muito utilizada no ensino superior em determinadas situações em que a disciplina não é ofertada num dado período, mas algum aluno precisa cursá-la para concluir o curso. Neste caso, é conferido o estudo dirigido ao estudante, com a indicação do professor que fará a atribuição das tarefas e o acompanhamento respectivo dos trabalhos até o fim do período.

7.2.12 FICHAS DIDÁTICAS

Esta técnica consiste em produzir fichas com dado conteúdo do programa da disciplina para estudo do aluno. O professor entrega as fichas na sala de aula para o estudante. Esta técnica é semelhante à Instrução Programada (abordada adiante).

São utilizados três tipos de fichas: 1) Ficha de conteúdo do assunto em questão; 2) Ficha de exercícios: contém exercícios para fixação dos assuntos abordados na Ficha de conteúdo; 3) Ficha de respostas: contém as respostas dos exercícios da Ficha de exercícios.

O professor entrega as Fichas de noções e as Fichas de exercícios. Depois que o aluno estudou as Fichas de conteúdo, ele passa a responder a Ficha de exercícios. Concluída esta tarefa, o professor entrega a Ficha de respostas para que o estudante confira as respostas corretas.

Cabe ao professor elaborar as Fichas Didáticas. Com o emprego da técnica, ele distribui as Fichas para os alunos, e orienta como é a utilização.

7.2.13 INSTRUÇÃO PROGRAMADA

Esta técnica baseia-se na estruturação de material didático acerca do assunto a ser ensinado, de forma que o estudante aprenda sozinho, exatamente o que se quer que ele aprenda, recebendo estímulos à medida que avança no texto em estudo. Estes estímulos podem ser avançar para o capítulo seguinte se resposta correta for dada a exercício proposto, como pode ser retroceder ao início do capítulo ou até um ponto anterior mediante resposta errada à questão, denotando que não houve entendimento em tópico precedente (Piletti, 2000).

Hoje esta abordagem é raramente utilizada. Mas tem seu valor histórico: ela era empregada no ensino de sistemas operacionais e linguagens de programação para usuários e administração dos computadores mainframe. O ensino era aplicado pelos próprios fabricantes de computadores, já que não havia curso superior na área de computação até meados da década de 1970.

Os cursos de utilização de sistemas operacionais e de linguagens de programação consistiam na leitura dos manuais de instrução programada. Posteriormente, um analista de sistemas do fabricante repassava os tópicos relevantes, antes da avaliação final, que indicaria aprovação ou não do estudante. Nada obsta que o professor prepare alguma aula a respeito de tópico de Psicologia a ser abordado com esta estratégia.

Como técnica, a instrução programada baseia-se no "behaviorismo radical" de B. F. Skinner (Burrhus Frederic Skinner), psicólogo americano, 1904-1990. Behaviorismo é a corrente da Psicologia que tem o comportamento ("behavior", em inglês) como objeto de estudo. As primeiras propostas nesta linha apareceram no século XIX, e foi corrente dominante na Psicologia até meados do século XX (1950). Nos primórdios do behaviorismo (ou comportamentalismo) aparecem Ivan Pavlov, John Watson e Edwin Guthrie. Behavioristas que estudaram os efeitos do comportamento: Edward Thorndike e Clark Hull (Lefrançois, 2015).

O behaviorismo radical de Skinner é assim chamado porque ele busca a raiz do comportamento. O trabalho de Skinner aponta que o comportamento humano está sujeito a leis, e fatores externos à pessoa o justificam, em vez de fatores internos.

Em seu livro "Tecnologia do Ensino" de 1968, Skinner chamou de "máquina de aprendizagem" o material didático estruturado para a autoaprendizagem do estudante, recebendo estímulos à medida que avançava os estudos. Estes estímulos tinham base na satisfação de dar respostas corretas às questões propostas (Ferrari, 2008).

Alguns princípios da técnica de instrução programada (Piletti, 2000):

– O conteúdo do material didático utilizado é apresentado em pequenas unidades;

– Cada unidade é finalizada com questões, respondidas pelo estudante, que possibilitam avaliar se houve compreensão ou não do conteúdo apresentado;

– Em seguida à resposta, o estudante saberá se acertou ou errou a questão; se acertou é premiado, seguindo em frente; se errou é punido, com a volta ao início da unidade para estudá-la novamente;

– Todo o conteúdo é estruturado em unidades ordenadas, possibilitando o treinamento com fim específico.

Dentre os pontos negativos desta técnica, Piletti (2000) aponta:

– O conteúdo é desmembrado em pequenas unidades, o que torna maçante a leitura;

– Serve para transmissão de conhecimentos, sem chances para a descoberta pelo aprendiz;

– Não favorece a socialização do estudante;

– Não favorece a interação do aluno com o professor, já que enfatiza a autoaprendizagem.

7.2.14 SALA DE AULA INVERTIDA

Na sala de aula tradicional ocorrem aulas expositivas em sala na instituição de ensino; eventualmente exercícios e tarefas são também realizados em sala. Mas é comum que sejam levados para fazer em casa.

A inversão citada no título decorre do fato de que a exposição do conteúdo ocorre em casa, com a utilização de vídeos, áudios, multimídia ou internet, e os exercícios, os trabalhos em grupo, as discussões acerca do conteúdo são realizados em sala.

Esta é a proposta da chamada Sala de Aula invertida (em inglês, *Flipped Classroom*). O tempo da sala de aula antes utilizado para exposição de conteúdo pelo professor é liberado para ser empregado em atividades de aprendizagem com a participação intensa dos estudantes: realização de exercícios individuais ou em grupo, realização de projetos, discussões, resposta a perguntas e orientação pelo professor.

Um fator que esta abordagem destaca é que o armazenamento de conteúdo não é preponderante, pois está disponível em múltiplos meios (na forma de texto, áudio, vídeo). Isto pode ser evidenciado pela variedade de recursos a que o professor recorre em suas aulas, e que ele recomenda que os estudantes acessem para trabalho em sala de aula.

A proposta tem a orientação de dar mais protagonismo ao estudante, fazendo com que ele tenha atitude mais participativa em sala.

Nesta abordagem de ensino, o trabalho do docente volta-se mais para a orientação de tarefas e projetos em desenvolvimento, o esclarecimento de dúvidas, a resposta a perguntas, a coordenação dos debates. Há possibilidade de ganho de aprendizagem com a interação mais intensa do professor com os estudantes.

Como o tempo em sala é utilizado para desenvolvimento de trabalhos, resolução de problemas, e outras atividades que os estudantes desenvolvem de forma independente, o professor pode utilizar seu tempo para orientar pessoalmente aqueles que estejam em dificuldades com a disciplina lecionada. Liberado da aula expositiva, o professor pode dedicar-se em sala a relevantes funções antes raramente exercidas como orientação, acompanhamento de estudantes com lacunas de aprendizagem, tentativa de inspiração da turma para a busca de expansão de perspectivas.

Com esta abordagem, a sala de aula deixa de ser espaço de escuta passiva, e transforma-se em oficina de ajuda mútua, com professor ajudando aluno, aluno ajudando aluno, aluno ajudando professor (Khan, 2013).

Exemplo de utilização desta abordagem: o professor de uma das disciplinas do curso de Psicologia poderia indicar vídeoaula que aborde assunto de interesse disponível no YouTube ou um vídeo de outra fonte qualquer, ou um artigo para leitura prévia, que cobrisse tópico específico que os estudantes deveriam ver ou ler com antecedência, como preparação para aula específica a ser ministrada em sala, seja para solução de problemas a respeito do assunto ou para simples reforço de aprendizagem.

7.2.15 EXPOSIÇÃO RÁPIDA

Esta prática didática consiste em propor que estudantes selecionados previamente tragam alguma contribuição importante à sua escolha para exposição em sala na próxima aula, em não mais que cinco minutos. Há rodízio na apresentação desta contribuição, de modo a permitir que todos participem. Caso o estudante opte por relatar contribuição a partir de um artigo, ele faz um resumo da parte relevante.

Cada estudante designado destaca a relevância do tópico que trouxe para a aula, e responde perguntas que sejam feitas pelo professor ou pelos outros estudantes. A cada aula, dois estudantes são encarregados de trazer contribuições (livros) relacionadas a assuntos constantes da ementa da disciplina.

A estratégia objetiva fazer com que os estudantes exercitem a habilidade de pesquisar um assunto de interesse, e preparem uma exposição breve a respeito dele. A orientação é para que não façam leitura de textos; em vez disso, concentrem-se em apresentar um resumo a respeito do texto ou do artigo escolhido.

Esta abordagem possibilita que tópicos sejam trazidos para sala de aula, mesmo que não façam parte da ementa da disciplina, mas que se relacionem com assuntos nela contidos. Outro fator interessante é que, como a escolha do tópico a ser abordado é feita pelo aluno, o script da aula sai do controle do professor. Inclusive porque pode ser abordado assunto que não seja de seu conhecimento.

Para propor esta técnica, inspirei-me nas chamadas "conferências TED", palestras de não mais que 16 min de duração, realizadas na Europa, Ásia e Américas, promovidas pela Fundação Sapling (EUA), sem fins lucrativos, para disseminação de ideias – seguindo o lema *"Ideas Worth Spreading"* (Ideias que merecem ser disseminadas). Estas palestras são chamadas Conferências TED (TED é acrônimo de *Technology, Entertainment, Design* – Tecnologia, Entretenimento, Design), e são ministradas por personalidades com atuação nas três grandes áreas, para difusão de suas ideias entre pessoas que não atuam em seu campo. A característica da palestra é a brevidade; para isso, é preparada cuidadosamente para comunicar a mensagem em 16 min. Há vídeos disponíveis na internet com as conferências realizadas ao redor do mundo (Anderson, 2016).

7.2.16 GAMIFICAÇÃO

Gamificação (do inglês *gamification*) é a prática de utilizar a sistemática de jogos fora de seu ambiente de origem (diversão e entretenimento), aplicando-a, por exemplo, em áreas como negócios, educação, saúde.

O que existia a respeito da utilização de jogos antes do aparecimento da chamada gamificação?

Existia o Jogo (aqui não se trata dos *games*), como atividade física ou mental (lúdica), organizada de maneira que ocorresse vitória e derrota. Esta atividade instala um espírito de equipe e de competição saudável que, se bem conduzido, pode estimular a aprendizagem.

Souza *et als* (2018) apontam que o jogo educativo, para merecer esta qualificação, deve apresentar equilíbrio em suas funções básicas – ludicidade e educabilidade. Se o jogo enfatiza só a parte educativa, torna-se desinteressante; se o ludismo é excessivo, pouco ensina, restando a diversão. Em seu trabalho, eles apresentam um jogo, intitulado "Montando a tabela periódica". Trata-se de um jogo de tabuleiro do tipo quebra-cabeça, que tem como objetivo preencher a tabela periódica com peças que ilustram os símbolos dos elementos químicos.

Tesheiner (2002) utiliza um "jogo jurídico" que conta com uma atividade preparatória, em que um estudante, escolhido como responsável pelo tema do jogo, prepara um texto para estudo e envia aos colegas; ele elabora também uma bateria de perguntas.

Na aula marcada para realização da atividade, o jogo começa com a primeira pergunta feita pelo responsável (na condição de arguidor) a um dos colegas. Se o arguido não responde, perde 10 pontos para o arguidor. Se o arguido responde e não há impugnação da resposta, ele ganha 10 pontos à custa do arguidor.

Se algum dos participantes contesta a resposta, oferecendo solução diferente, cabe ao que ofereceu a resposta contestada concordar ou discordar. Se ele concorda, perde 10 pontos para o impugnante; se ele discorda, dá-se a controvérsia. Um juiz é designado para o caso, e a questão passa a valer 20 pontos.

O juiz profere a sentença, devidamente fundamentada, atribuindo 20 pontos a quem esteja com a razão (impugnante ou impugnado). Se o vencido aceita a sentença, volta-se ao início do jogo com nova pergunta. Se o vencido não aceita a sentença, constitui-se um colegiado (de 3 membros, por exemplo) para analisar a questão, que agora passa a valer 30 pontos.

Cada juiz do colegiado profere seu voto (fundamentado), atribuindo 30 pontos à parte vencedora; vale a decisão da maioria.

Se o vencido aceita a sentença, volta-se ao início do jogo com nova pergunta. Se ele não aceita a sentença, a causa tem seu julgamento final por novo colegiado, preferivelmente maior que o anterior (5 membros, por exemplo), passando a questão a valer 40 pontos. Com o julgamento final, o vencido deve ao vencedor 40 pontos; volta-se ao início do jogo com nova pergunta.

As Gincanas são jogos com regras definidas, em que sai um vencedor e um perdedor de acordo com o que for proposto; pode envolver tarefas as mais diversas, desde seção de perguntas e respostas acerca de um tema determinado ou de um tema livre, solução de problemas, arrecadação de alimentos/produtos para algum fim específico. A Gincana de Matemática consiste em apresentar para grupos de estudantes uma lista de problemas; o grupo que resolver o maior número de problemas em determinado tempo é o grupo vencedor. A Gincana de Programação consiste em desenvolver o maior número de programas em dada linguagem em determinado tempo. Nos moldes da Gincana de Matemática, o professor poderia propor Gincana associada à sua disciplina do curso de Psicologia, em que grupos de estudantes receberiam uma lista de problemas associados à ementa para resolver; o grupo que resolver o maior número de problemas em determinado tempo é o vencedor.

A gincana desperta o interesse dos estudantes para o estudo sistemático em vista da participação nestes eventos.

Os G*ames* (Jogos) são recursos facilitadores da aprendizagem, podendo constituir-se em estratégia de ensino adotada pelos professores. Podem ser presenciais ou virtuais, com ou sem a mediação feita por programas de computador, ou simplesmente pelo computador (Carvalho & Ivanoff, 2010).

O *videogame* ou *game* (jogo) é um jogo eletrônico no qual o jogador interage com imagens exibidas em um televisor, monitor ou celular; a palavra videogame designa o console onde o jogo é processado.

Na categoria de jogos eletrônicos sem regras predeterminadas enquadra-se o *Second Life* (segunda vida, em inglês), produzido pela empresa Linden Lab. Trata-se de um ambiente virtual e tridimensional, que combina rede social e comércio eletrônico; o participante do jogo age como se vivesse uma vida paralela, fazendo as mesmas coisas, relacionando-se com outras pessoas, comprando bens, etc. Claramente, este produto já passou pelo seu apogeu; nada indica que volte a esta posição.

Constitui ramo importante de investigação científica o desenvolvimento de jogos e desafios *on-line* que, com a utilização por parte dos estudantes, servem para explorar determinados conteúdos, ao mesmo tempo em que registram dificuldades percebidas nesta interação, possibilitando que o professor obtenha informação particularizada e de forma individualizada, de modo a tratar adequadamente os obstáculos de cada educando. Os instrumentos tradicionais de avaliação de aprendizagem não dão conta destes resultados que estas ferramentas possibilitam sem grande esforço do docente.

Um game possibilita ao usuário interação com controle sobre ações (mesmo limitadas) em um ambiente artificial. Alguns elementos básicos de um game são atribuição de pontos, conquista de medalhas ("badges"), resposta a questionários ("quizzes"), apresentação de tabelas de classificação dos jogadores ("leaderboards"), existência de níveis de dificuldade – que possibilite que o jogador avance, existência de desafios, possibilidade de disputas, acompanhamento do progresso de uma partida que esteja em andamento ("milestones").

Os games envolvem naturalmente a figura do jogador e do seu adversário, contra quem se joga e a quem se pretende vencer (pode ser uma pessoa ou uma máquina), a existência de regras que precisam ser obedecidas – assegurando coerência (lógica) e estrutura ao jogo, há um enredo (com uma estória) seguido pelas ações que podem ser executadas, possibilitando experiência virtual. Normalmente os jogos possibilitam variações na sua utilização. Há grande variedade de jogos – os que envolvem esportes, os que envolvem tabuleiros, os jogos de vídeo, e outras variações. Há objetos que são manipulados em cada tipo particular de jogo – sejam bolas, cartas, peças, tabuleiros, etc.

A chamada gamificação objetiva trazer o ambiente dos jogos – com todos os seus elementos – para utilização na educação. Aplicativos têm sido desenvolvidos com o propósito de oferecer ambiente de jogo que possibilite aprendizagem de tópicos de engenharia de software, de redes de computadores e outros. Esta técnica pode ser estendida para a área de Psicologia. Trabalhos de Conclusão de Curso (TCC) e mesmo dissertações de mestrado têm sido desenvolvidas a respeito da utilização da gamificação. Silva & Vieira (2017) é um exemplo de TCC aplicado ao ensino de redes de computadores.

Como de resto todas as abordagens relacionadas neste capítulo, esta é mais uma opção que o docente pode utilizar para tornar a aprendizagem de tópicos de sua disciplina menos maçante, mais motivador e atraente pela variedade de práticas adotadas.

7.2.17 HISTÓRIA DA PSICOLOGIA

Esta abordagem consiste em considerar a possibilidade de utilizar a epistemologia da área específica da Psicologia, visitando cada conceito e o contexto do seu aparecimento, seus objetivos iniciais, os formuladores envolvidos, os percalços e as dificuldades superadas.

Aqui, são utilizados documentos históricos com registro de formulação de conceitos, de teorias, de métodos, de técnicas e até informações do contexto histórico em que avanços ocorreram na área da Psicologia, e tomar para estudo e buscar sua compreensão.

Isto, claro, depois de mostrar por que é importante estudar tal conceito ou tal assunto referido, e qual é o objetivo final que se pretende alcançar.

Ter ciência dos obstáculos superados na produção de conhecimento relevante para a área da Psicologia (seja na formulação de conceitos ou na proposição de procedimentos para tratar questão da área) leva à compreensão de possíveis dificuldades que os estudantes venham a vivenciar na sua aprendizagem, possibilitando que estratégias de ensino mais adequadas sejam propostas (Brasil, 1998).

Esta abordagem utiliza documentos históricos da Psicologia para o ensino e a aprendizagem de tópicos de disciplinas da área, por possibilitar "compreender a origem das ideias que deram forma à cultura e observar também os aspectos humanos do seu desenvolvimento" (Siqueira, R., 2007, p. 25).

A partir de fontes variadas da Psicologia pode-se construir historicamente o conhecimento psicológico, dando ênfase às barreiras epistemológicas próprias do conceito em estudo. Também o caráter dinâmico do conhecimento da área é reforçado. Este estudo pode proporcionar uma visão crítica e reflexiva da área específica da Psicologia, com implicações na Ciência e na Sociedade (Siqueira, R., 2007; Furtado, 2012).

A adoção desta prática em sala de aula pode ser feita mediante a indicação pelo professor de conceitos a serem estudados e pesquisados pelos estudantes. Ele atuaria como orientador das atividades, sugerindo meios de obtenção de informações (consulta bibliográfica, consulta documental, internet, filmes, e outros), de modo que o contexto histórico, social e cultural associado ao conceito pesquisado seja identificado, estudado e compreendido.

Esta abordagem tem sua utilidade na análise do contexto histórico em que dado conceito psicológico foi desenvolvido, podendo mostrar avanços e retrocessos havidos, até atingir determinado estágio. O trabalho é realizado, valendo-se de análise documental para chegar à compreensão de dado conceito ou teoria ou tecnologia relevante para a área da Psicologia.

7.2.18 ABORDAGEM DOJÔ

A palavra "dojô" refere-se ao local onde se treinam artes marciais japonesas, como jiu-jitsu, judô, caratê, aikidô, e outras. Dojô (em japonês, significa "local do caminho") é, portanto, o local onde os praticantes se reúnem para aperfeiçoar suas técnicas de luta.

Por analogia, a Abordagem Dojô (na forma adaptada ao ensino de Psicologia[28]) é o ambiente em que se encontram estudantes de disciplina do curso, e seguindo dinâmicas próprias, resolvem um desafio proposto pelo mestre condutor da sessão (no caso da utilização como estratégia de ensino, o papel é do professor).

O propósito da participação dos estudantes é assimilar e exercitar boas práticas de estruturação e solução de problemas psicológicos. Portanto, não é abordagem para ser empregada em fase inicial das disciplinas da área, mas quando já houver considerável domínio dos tópicos da ementa da disciplina que possibilitem a solução do desafio proposto pelo mestre (professor).

A abordagem é trazida para cá como estratégia útil para o ensino de Psicologia, com a qual se pode alcançar maior efetividade em termos de aprendizagem pela possibilidade de envolvimento e participação dos estudantes.

A prática da Abordagem Dojô exige o seguinte arranjo: pelo menos um computador conectado a um projetor; tela para projeção, de modo que a plateia possa acompanhar as ações realizadas no computador, uma dupla de estudantes (piloto com acesso ao teclado e copiloto, ao lado; o piloto explica cada passo que adotar), um mestre que apresenta os desafios e a plateia, que acompanha as ações, mas pode interagir com o piloto e o copiloto e com o mestre. O papel do copiloto é analisar as ações do piloto, e lhe oferecer sugestões e críticas.

Perguntas podem ser dirigidas ao mestre; sua resposta é na forma de outra pergunta.

Há rotatividade na participação dos membros do grupo: a cada cinco ou dez minutos (tempo a ser definido pelo mestre), o piloto deixa a função, voltando à plateia, passando-a ao copiloto e alguém

---

[28] Na computação é chamada Codificação Dojô, e é usada principalmente no ensino de programação de computadores.

da plateia assume essa função. Com isso, observa-se que a solução do desafio é construída coletivamente. Quando o desafio proposto tiver sido concluído, o mestre oferece o seguinte, um pouco mais complexo que o anterior.

A Abordagem Dojô pode apresentar variações: piloto e copiloto serem fixos durante toda a sessão, mas alternarem a posição entre si. Outra forma é contar com várias duplas para implementar os desafios: neste caso, sem utilização de projetor. Outra variação: a solução pode ser desenvolvida antes da sessão pelo piloto e copiloto; durante a sessão, essa solução é apresentada e discutida com a plateia, podendo ser aprimorada.

Em síntese, a Abordagem Dojô oferece uma estratégia para trabalho em grupo, cooperativo, que possibilita aperfeiçoamento das habilidades de solução de problemas psicológicos (ou que envolvam conhecimento de Psicologia) dos participantes.

Dependendo do estágio dos testes que encaminham a obtenção da solução do desafio, uma sessão de Abordagem Dojô encontra-se em uma das três fases abaixo:

Fase Vermelha: há pelo menos uma situação que não foi analisada ou calculada corretamente. Piloto e copiloto concentrados na solução do problema.

Fase Verde: todos os casos de verificação apresentam resultados esperados. É momento ideal para a plateia apresentar sugestões de melhoria da solução obtida, com eliminação de passos desnecessários, por exemplo.

Fase Cinza: é aquela em que modificações foram introduzidas na estratégia da solução decorrentes de sugestões apresentadas, mas as verificações ainda não foram executadas.

A sessão dojô é finalizada com a apreciação da solução obtida; os participantes podem manifestar-se a respeito, apresentando prós e contras; estes posicionamentos são debatidos pela plateia.

A despeito de esta abordagem referir-se à solução de um desafio que envolva conhecimento psicológico, não há impedimento que seja utilizada para outras etapas do processo de resolução de problemas na área da Psicologia.

7.3 SÍNTESE DOS MÉTODOS E TÉCNICAS DE ENSINO

Os Quadros 6, 7 e 8 (adiante) apresentam uma síntese do que os Métodos ou Técnicas descritos podem possibilitar em termos de melhoria de habilidades ou capacidades exigidas no exercício profissional do psicólogo. A efetividade na aplicação do método ou técnica – e a sempre necessária predisposição do estudante em aprender – torna possível o desenvolvimento da habilidade ou competência citada.

Analisando-se os quadros, identificam-se os métodos mais indicados para desenvolver dada habilidade.

Como frisado, ao planejar a sua disciplina, é conveniente que o docente de Psicologia planeje a utilização de três ou quatros abordagens diferentes para cobrir os tópicos da ementa. Desta forma, suas aulas podem tornar-se potencialmente mais interessantes, mais motivadoras, menos monótonas do que se utilizasse somente uma abordagem, por exemplo.

Percebe-se que a maior parte das aulas é ministrada da forma mais tradicional – na forma expositiva. Como se pôde ver na descrição desta abordagem, a partir de pesquisas realizadas, na sua execução há necessidade de que haja intervalos de 15 a 20 minutos para reconquistar a atenção dos estudantes novamente. O fato de utilizar projeção de slides não diminui esta necessidade.

Nos quadros, há menção à capacidade de concentração como habilidade ou competência a ser desenvolvida. Qualquer trabalho criativo – e o trabalho de encontrar solução de um problema psicológico ou físico ou matemático ou resolvê-lo no computador ou por programação de computador são exemplos disso – exige esta capacidade: sem ela nenhum resultado é possível. Esta é a razão por que aparece na linha referente à aula expositiva o desenvolvimento da capacidade de concentração. A efetividade da aplicação dessa técnica decorre da medida de concentração que o estudante dispensa à mensagem comunicada. É notório que nem sempre a presença física é suficiente – há muitas formas de distração (telefone celular, para ficar em um exemplo só), de dispersão – que inviabilizam a assimilação de conhecimentos.

A questão realçada aqui é a busca de oferecer uma aula com bom conteúdo, interessante, motivadora, inspiradora para os estudantes, de modo que eles sintam no fim da sessão que houve acréscimo no seu repertório de conhecimentos, que eles sintam que valeu a pena participar da aula pelo enriquecimento proporcionado.

Esta é a perspectiva expressa neste livro: oferecer aula planejada, enriquecedora, interessante, que leve à assimilação efetiva pelo aluno do conteúdo ensinado, que constitua por si mesmo elemento motivador para o estudante comparecer ("vou porque aprenderei algo") – ambiente agradável de aprendizagem, prazeroso, produtivo – e que isto não se deva somente pela exigência da frequência cobrada.

Por fim, pode-se observar após rápida análise dos quadros que o método de ensino mais comum – aula expositiva – não apresenta potencial para desenvolver as habilidades exigidas do psicólogo.

Do que os quadros mostram, pode-se deduzir que os métodos de ensino que potencialmente podem desenvolver mais habilidades são: Método de Projetos (17), Método de Estágio em Empresa (15), Aula Prática em Laboratório de Informática (13), Aula Prática em Laboratório de Psicologia (13), Método de Resolução de Problemas (13) e Abordagem Dojô (10). Os métodos que se encontram no outro extremo – apresentam menor potencial de desenvolver habilidades são: Aula de Demonstração de Software, Técnica de Perguntas e Respostas, Fichas Didáticas e Aula Expositiva com 4.

A associação de uma habilidade ou uma competência a dado método levou em conta o que foi descrito a respeito dele. Há certamente subjetividade nesta avaliação; foi considerada a experiência com a utilização de cada abordagem para compor os quadros.

Pressuposto relevante é a ocorrência de forte interação professor-aluno para tornar exequíveis os resultados.

Quadro 6. Método ou Técnica de Ensino X Possíveis habilidades e competências desenvolvidas.

MÉTODO OU TÉCNICA DE ENSINO – número de habilidades possíveis	POSSÍVEL HABILIDADE / COMPETÊNCIA DESENVOLVIDA
1) Aula expositiva – 4	Capacidade de abstração; Pensamento crítico; Capacidade de concentração; Capacidade de aprendizado rápido.
2) Aula de Demonstração de Software – 4	Capacidade de abstração; Pensamento crítico; Capacidade de concentração; Capacidade de aprendizado rápido.
3) Aula Prática em Laboratório de Informática – 13	Capacidade de abstração; Pensamento crítico; Capacidade de concentração; Capacidade de aprendizado rápido; Relações humanas; Habilidade de comunicação escrita e oral; Trabalho cooperativo; Trabalho em grupo; Trabalho cooperativo; Autonomia; Respeito à ética, à pluralidade de ideias e de pensamento; Tratamento de problema complexo; Habilidades de propor soluções criativas.
4) Aula Prática em Laboratório de Psicologia – 13	Capacidade de abstração; Pensamento crítico; Capacidade de concentração; Capacidade de aprendizado rápido; Relações humanas; Habilidade de comunicação escrita e oral; Trabalho cooperativo; Trabalho em grupo; Trabalho cooperativo; Autonomia; Respeito à ética, à pluralidade de ideias e de pensamento; Tratamento de problema complexo; Habilidades de propor soluções criativas.
5) Técnica de Perguntas e Respostas – 4	Habilidade de comunicação oral; Capacidade de concentração; Pensamento crítico; Capacidade de aprendizado rápido.
6) Trabalho em Grupo – 8	Capacidade de liderança; Relações humanas; Habilidade de comunicação escrita e oral; Capacidade de aprendizado rápido; Trabalho cooperativo; Pensamento crítico; Respeito à ética, à pluralidade de ideias e de pensamento; Autonomia.

Quadro 7. Método ou Técnica de Ensino X Possíveis habilidades e competências desenvolvidas.

MÉTODO OU TÉCNICA DE ENSINO – número de habilidades possíveis	POSSÍVEL HABILIDADE / COMPETÊNCIA DESENVOLVIDA
7) Método de Resolução de Problemas – 13	Capacidade de aprendizado rápido; Relações humanas; Capacidade de abstração; Tratamento de problema complexo; Habilidade de comunicação escrita e oral; Trabalho em grupo; Trabalho cooperativo; Pensamento crítico; Habilidades de propor soluções criativas; Habilidade de pensamento sistêmico; Perseverança; Respeito à ética, à pluralidade de ideias e de pensamento; Autonomia.
8) Método de Projetos – 17	Capacidade de aprendizado rápido; Relações humanas; Capacidade de abstração; Tratamento de problema complexo; Habilidade de comunicação escrita e oral; Trabalho em grupo; Trabalho cooperativo; Pensamento crítico; Agente de mudança; Respeito à ética, à pluralidade de ideias e de pensamento; Habilidades de propor soluções criativas; Perseverança; Habilidade de gestão de projetos; Habilidade de modelar e aprimorar processos de negócios; Resiliência a pressões de prazo; Habilidade de pensamento sistêmico; Autonomia.
9) Método de Estudo de Casos – 9	Habilidade de comunicação escrita e oral; Pensamento crítico; Habilidade de comunicação escrita e oral; Capacidade de aprendizado rápido; Capacidade de concentração; Habilidade de gestão de projetos; Habilidade de pensamento sistêmico; Habilidade de pensamento sistêmico; Comunicação em Língua Inglesa.
10) Método de Estágio em Empresas – 15	Abordagem de problemas reais; Relações humanas; Trabalho em grupo; Trabalho cooperativo; Pensamento crítico; Capacidade de aprendizado rápido; Agente de mudança; Capacidade de concentração; Habilidade de gestão de projetos; Habilidade de pensamento sistêmico; Perseverança; Resiliência a pressões de prazo; Habilidade de propor soluções criativas; Autonomia; Comunicação em Língua Inglesa.
11) Estudo Dirigido – 5	Habilidade de comunicação escrita e oral; Capacidade de concentração; Pensamento reflexivo; Autonomia; Comunicação em Língua Inglesa.
12) Fichas Didáticas – 4	Capacidade de abstração; Capacidade de aprendizado rápido; Capacidade de concentração; Autonomia.

Quadro 8. Método ou Técnica de Ensino X Possíveis habilidades e competências desenvolvidas.

MÉTODO OU TÉCNICA DE ENSINO – número de habilidades possíveis	POSSÍVEL HABILIDADE / COMPETÊNCIA DESENVOLVIDA
13) Instrução Programada – 5	Capacidade de abstração; Capacidade de aprendizado rápido; Capacidade de concentração; Pensamento reflexivo; Autonomia.
14) Sala de Aula Invertida – 6	Habilidade de comunicação escrita e oral; Pensamento crítico; Capacidade de concentração; Capacidade de aprendizado rápido; Pensamento reflexivo; Autonomia.
15) Exposição Rápida – 6	Habilidade de comunicação escrita e oral; Pensamento crítico; Capacidade de aprendizado rápido; Capacidade de concentração; Pensamento reflexivo; Autonomia.
16) Gamificação – 7	Capacidade de abstração; Capacidade de aprendizado rápido; Pensamento crítico; Capacidade de concentração; Habilidade de propor soluções criativas; Autonomia; Comunicação em Língua Inglesa.
17) História da Psicologia – 7	Habilidade de comunicação escrita e oral; Comunicação em Língua Inglesa; Trabalho em grupo; Trabalho cooperativo; Pensamento crítico; Autonomia; Comunicação em Língua Inglesa.
18) Abordagem Dojô – 10	Abordagem de problemas reais; Relações humanas; Capacidade de aprendizado rápido; Habilidade de comunicação escrita e oral; Pensamento crítico; Trabalho em grupo; Trabalho cooperativo; Capacidade de concentração; Habilidade de pensamento sistêmico; Habilidade de propor soluções criativas.

7.4 TEXTOS PARA REFLEXÃO

7.4.1 TEXTO 1: *INTERAÇÃO PROFESSOR-ALUNO*

Extraído de Furtado, A. B. "*Casos e Percepções de um Professor*". Belém: abfurtado.com.br, 2016.

Esta interação é importantíssima para a aprendizagem.

Antes de aprofundar meus estudos na área de Pedagogia, eu exercitava a aprendizagem pessoal baseada no erro. O erro (ou algo que não funcionava bem) me levava a tentar de forma diferente para alcançar outros resultados.

Assim, por exemplo, determinei que a primeira aula fosse sempre especial: o planejamento completo seria exposto e discutido nesta aula.

Ora, depois fui ver que isto é chamado de contrato didático, de acordo com a teoria dos franceses.

Outra coisa: fugir de qualquer improvisação. Que seja exceção!

Então, na primeira aula, os objetivos a serem alcançados são apresentados, claramente. E o caminho como chegar a eles também e que instrumentos de aprendizagem serão adotados.

Outra questão relevante: busco promover a ideia de que aula é interação. A aprendizagem vai ocorrer como resultado do diálogo entre os intervenientes: entre professor e estudante e entre os próprios estudantes.

7.4.2 TEXTO 2: *QUAL ERA O OBJETIVO DA AULA?*

Extraído de Furtado, A. B. "*Um Pouco da Minha Vida: Novos Casos e Percepções*". Belém: abfurtado.com.br, 2018b.

Como coordenador de curso, às vezes, é necessário ouvir ponderações de alunos a respeito do cronograma de atividades, da sequência de oferta de disciplinas, dos recursos disponíveis (salas, equipamentos, laboratórios, biblioteca) e também do trabalho de professores. Para isto há ainda o instrumento de avaliação das disciplinas no fim, para saber se os objetivos foram alcançados, se o conteúdo da ementa foi abordado completamente, se houve aprendizagem por parte dos alunos, dentre outras informações de interesse da administração do curso.

Em certa ocasião, representando a turma, um aluno por quem eu tinha amizade anterior à atividade acadêmica, me relata insatisfação com um professor. Não se tratava de reclamação quanto ao domínio do conteúdo por parte do profissional. O aluno dizia que saia da sala, com frequência, sem saber qual tinha sido o objetivo da aula, pois o professor havia passado por vários assuntos, pulando de um para o outro, sem indicar aonde pretendia chegar. Ou seja, sua crítica era que faltava objetividade nas aulas.

O professor começava a falar de algo, sem que terminasse, passava a abordar outro assunto, e enveredava por outro; dali a pouco, sem que tivesse concluído o pensamento anterior, abria novo parêntese. Nesta toada, com frequência, já não mais lembrava por que estava mesmo falando a respeito daquilo. Quem não comete este erro? Já vi vários se perderem nas suas palestras; eu mesmo já me perdi incontáveis vezes. Fico atento para evitar isto. É o caso da pessoa que se perde com os vários parênteses que vai abrindo – começa um assunto, sem finalizá-lo passa para outro, daí vai para outro – o resultado frequente é que a pessoa se perca neste emaranhado de parênteses e o ouvinte (aluno) acabe por não compreender a exposição, pois não percebe lógica no encadeamento dos assuntos. Percursos interrompidos não são retomados, prejudicando a compreensão.

Noto que isto é mais frequente em professores que dominam vários assuntos ou tenham muita experiência: passam de um assunto para o outro sem encerrar o anterior, com intenção de voltar, mas eles esquecem pelo meio do caminho; o mesmo ocorre ao relatar casos: um puxa o outro na sua lembrança, sem dar fim de um vai a outro, e acaba por perder-se neste empilhamento mental, sem retomar último caso interrompido.

O aluno me relata, sintetizando:
– Saio da sala sem saber qual era o objetivo da aula. Não ficou claro: ele inicia sem dizer, tangencia vários assuntos, deixa inconclusos os temas abordados e finaliza sem que possamos dizer qual era o propósito da sua aula.

Esta nota reforça este ponto: para cada aula o seu objetivo, informado com as primeiras palavras do professor. Doug Lemov sugere que seja escrito no quadro. No fim da aula, as últimas palavras do professor são para demonstrar que o objetivo foi atingido.

8. TECNOLOGIAS DIGITAIS NA EDUCAÇÃO

Este Capítulo aborda a utilização das tecnologias digitais na Educação. E a recomendação é forte neste sentido, porém, sem deixar de mencionar os argumentos de quem não aprecia sua utilização na área educacional.

Em momento histórico de grande desenvolvimento tecnológico, não é aceitável dispensar as tecnologias digitais. Seja pela possibilidade de realizar simulações diversas, seja por poder acompanhar o desenvolvimento individual dos estudantes ao utilizarem software de apoio à aprendizagem, informando o professor acerca do desempenho que precisa ser aprimorado.

É consenso a importância que as Tecnologias Digitais exercem na sociedade moderna, afetando positivamente governos e empresas de modo geral, no sentido de alcance de seus objetivos. Como tal, a área de Educação não pode ignorar este fato, já que lhe cabe preparar o cidadão para sua inserção produtiva na sociedade. A questão que se coloca é em que medida e como a Educação pode apropriar-se do recurso tecnológico, fazendo com que a Tecnologia seja uma aliada da atividade de ensino e garantidora de maior aprendizagem por parte dos estudantes.

Uma característica do desenvolvimento tecnológico mundial é a disponibilização de produtos diferentes, buscando-se atingir nichos particulares de clientes, com o lançamento de produtos novos, em períodos de tempo cada vez mais curtos. De certa forma, a obsolescência dos artefatos tecnológicos é programada: os clientes não conseguem acompanhar a evolução dos produtos. A atualização tecnológica é uma corrida perdida, mas, ela é inevitável. A sociedade não pode furtar-se dela.

Por outro lado, há duas questões a considerar sobre a atualização tecnológica: o preço de lançamento de produtos, em geral alto, mas com perspectiva de redução com o aumento das vendas e com o lançamento de novas versões dos artefatos; outra questão é a necessidade de conhecimentos específicos para disseminá-la antes da utilização da nova tecnologia (Kenski, 2007).

Para dar conta das exigências da atualização tecnológica, é necessária a aprendizagem permanente. A cada nova tecnologia lançada, novas exigências de aprendizado são impostas para sua absorção e utilização. Este processo é inevitável, inescapável, contínuo. Ninguém pode deitar-se sobre um conhecimento tecnológico e achar que vai permanecer com ele sequer por um lustre.

Carr (2004), em ensaio publicado na revista *Harvard Business Review*, publicou um artigo intitulado *IT Doesn´t Matter* ("TI não importa mais"), em que afirma que Tecnologia de Informação (TI) se tornou *commodity* (mercadoria) como eletricidade ou qualquer outra utilidade. Como seu uso se generalizou (em decorrência, principalmente, de preços acessíveis), deixou de ter importância estratégica e de constituir agente diferenciador para as organizações.

Seguindo a mesma linha de pensamento, pode-se falar também que o conteúdo dos programas escolares se tornou menos relevante em face das Tecnologias Digitais. Buscas podem ser feitas na internet, a rigor, sobre qualquer assunto, com chance de localizar variadas fontes, a despeito da inevitável necessidade de capacidade de saber separar "o joio do trigo", ou seja, saber identificar as fontes idôneas, confiáveis, das que não são. Pois, uma coisa é ser capaz de "encontrar" um "fato" por meio de um engenho de busca (como o Google); outra coisa muito diferente é encontrar os "fatos" mais relevantes, analisá-los e determinar sua relevância para cumprir dada tarefa, sintetizar sua importância e compartilhar os resultados com outros. No primeiro caso, demonstra-se familiaridade com dada ferramenta, no segundo, ocorre aprendizado de fato (Trucano, 2013).

Entretanto, o acesso ao conteúdo não é suficiente se não houver a capacidade de análise, de crítica, de argumentação e de contra-argumentação, de colaboração com outros, de elaboração própria, como ressaltado.

Aqui são lembradas as teorias propostas por Tikhomirov (1981) sobre o uso do computador – a Teoria da Substituição (o computador substitui o homem), a Teoria da Suplementação (o computador suplementa o homem no processamento da informação, fazendo-o com aumento do volume e de velocidade de processamento) e, em especial, a Teoria da Reorganização (o computador reorganiza a forma como o homem processa a informação, impactando a busca de informações, o armazenamento, a forma como o homem se comunica e como se relaciona com os outros homens). Com base nesta última teoria, se consideramos passar a utilizar as tecnologias digitais, inevitável que mudemos nossas práticas, para explorar apropriadamente estes recursos de forma plena.

Com respeito ao caráter transformador das Tecnologias Digitais, Sancho (2006, p. 16-17) aponta três efeitos que ocorrem invariavelmente: 1) "alteram a estrutura de interesses (as coisas em que pensamos)", impactando, consequentemente, a avaliação do que relevamos como importante, prioritário, ou obsoleto; 2) "mudam o caráter dos símbolos (as coisas com as quais pensamos)", pois quando fazemos operações simples pela primeira vez vamos mudando a estrutura psicológica do processo de memória, ampliando-a; isto ocorreu com "o desenvolvimento dos sistemas de escrita, numeração, etc.", permitindo incorporar estímulos artificiais ou autogerados; as Tecnologias Digitais ampliaram "este repertório de signos" e "também os sistemas de armazenamento, gestão e acesso à informação", aumentando o conhecimento público; 3) "modificam a natureza da comunidade (a área em que se desenvolve o pensamento)", pois para muitos esta área é o ciberespaço, o mundo conhecido e o virtual, mesmo que as pessoas não saiam de casa e não tenham relacionamentos físicos com ninguém.

As principais potencialidades das Tecnologias Digitais são a capacidade de realizar simulações, a criação de realidades virtuais, as facilidades de comunicação, inclusive, com a possibilidade de telepresença, viabilizando a concretização de projetos cooperativos entre pessoas participando de locais diferentes, mesmo países e continentes diferentes. Estas potencialidades quando exploradas satisfatoriamente podem servir de base para um novo momento no processo educativo. Desta forma,

> o fluxo de interações nas redes e a construção, a troca e o uso colaborativos de informações mostram a necessidade de construção de novas estruturas educacionais que não sejam apenas a formação fechada, hierárquica e em massa como a que está estabelecida nos sistemas educacionais (Kenski, 2007, p. 48).

As novas tecnologias digitais também modificam a relação entre mestres e estudantes, concedendo mais protagonismo aos educandos (Costa, 2013). Com o auxílio das tecnologias digitais, a sala de aula pode tornar-se uma oficina de ajuda mútua, em vez de ambiente de escuta passiva (Khan, 2013).

Para explorar adequadamente estas potencialidades, uma metodologia de ensino diferente daquela que tem sua base no livro-texto e em anotações é exigida. Area (2007, p. 168) assevera que

> a inovação tecnológica, se não é acompanhada pela inovação pedagógica e por um projeto educativo, representará uma mera mudança superficial dos recursos escolares, mas não alterará substancialmente a natureza das práticas culturais nas escolas. O importante, por conseguinte, não é encher as aulas de novos aparelhos, mas transformar as formas e conteúdos do que se ensina e aprende. É dotar de novo sentido e significado pedagógico a educação oferecida nas escolas.

A inovação pedagógica defendida por Area (2007) pressupõe rever as práticas adotadas para acomodar o uso da tecnologia, de modo que se assegure ganho de aprendizagem, em especial por favorecer-se da motivação do estudante que o uso de recurso tecnológico normalmente proporciona. Novas tecnologias exigem novas pedagogias, pedagogias apropriadas.

As potencialidades das Tecnologias Digitais citadas podem favorecer o desenvolvimento das habilidades cognitivas dos educandos. Dentre as metas de aprendizagem que se buscam alcançar, mesmo sem recursos tecnológicos, as seguintes são relacionadas. Com o uso das Tecnologias Digitais, essas habilidades são potencializadas (Siqueira, 2007, p. 186):

> **Habilidades de processamento da informação**: localizar e coletar informação relevante, ordenar, classificar, sequenciar, comparar e contrastar, analisar relações tipo parte/todo.
>
> **Habilidades de raciocínio**: poder explicar as razões de suas opiniões e ações, tirar inferências e fazer deduções, usar linguagem precisa para justificar seu pensamento e fazer julgamentos apoiados em evidências e justificativas.
>
> **Habilidades de inquirição**: saber fazer perguntas relevantes, colocar e definir problemas, planejar procedimentos e investigações, prever possíveis resultados e antecipar consequências, testar conclusões e aperfeiçoar ideias.
>
> **Habilidades de pensamento criativo**: gerar e estender ideias, sugerir hipóteses, aplicar a imaginação e procurar resultados inovadores alternativos.
>
> **Habilidades avaliativas**: saber avaliar informação e julgar o valor do que lê, escuta e faz; desenvolver critérios para a apreciação crítica de seu próprio trabalho e de outros e ter confiança nos seus julgamentos.

Pode-se acrescentar à lista de habilidades de processamento da informação acima a descoberta de generalizações e especializações pertinentes à área de conhecimento em estudo. Esta lista apresenta a localização e a coleta de informação relevante: os critérios para a identificação de fontes e informações relevantes são instrumentos valiosos que o educador deve buscar aguçar nos educandos. Como afirmado, com a internet (e com as tecnologias digitais, de modo geral), conteúdo tornou-se *commodity* (mercadoria) disponível gratuitamente. A questão persistente é a exigência de capacidade de descobrir fontes seguras e informações relevantes. Partindo deste manancial enorme de conhecimento, pode-se desenvolver a capacidade de elaboração própria de conteúdo, explorando múltiplas formas de expressão (palavra, imagem, hipertexto, som).

O conjunto de habilidades acima constitui um receituário a ser exercitado pelos educandos no desenvolvimento de suas atividades escolares e acadêmicas e, como já posto, necessárias para dar conta das três competências apontadas por Gómez (2013) e mencionadas no capítulo anterior, em especial, o "aprender a aprender".

Em vista da disponibilidade inevitável da tecnologia na vida atual e, doravante, dever-se-ia acrescentar ainda as seguintes habilidades: capacidade de assimilar, de disseminar e de avaliar recursos tecnológicos em busca de aplicá-las nas atividades normais, para redução de tempo de execução de tarefas ou para economia de quaisquer recursos envolvidos.

Sem falar do preço atrativo, uma característica predominante da tecnologia é a facilidade de uso, com a disponibilidade de interfaces mais intuitivas, que dispensam a necessidade de manuais de instruções extensos.

As tecnologias digitais possibilitam que a educação não fique limitada à sala de aula; permite que ela seja muito mais portátil, flexível e pessoal. Da mesma forma, as tecnologias incentivam a responsabilidade individual, dependendo a iniciativa do aluno para repassar o conteúdo que desejar, ao mesmo tempo, dá chance que ele aprenda no ritmo que julgar adequado, podendo, inclusive, antecipar-se ao que ainda vai ser abordado e, com isso, ter participação mais produtiva em sala. Há ainda outro benefício potencial: com a disponibilidade irrestrita da internet, pode-se assegurar que a educação seja mais acessível a todos, fazendo com que conhecimento e oportunidade sejam mais amplos e igualitários (Khan, 2013).

Dentre as tecnologias digitais, o hipertexto e a multimídia interativa são úteis para uso educativo, em particular por possibilitar o envolvimento do educando na aprendizagem e por favorecer a exploração lúdica e não linear de conteúdos. O uso destas tecnologias está em consonância com a pedagogia que prega a participação do estudante como condutor ativo no processo de sua aprendizagem.

Outro recurso valioso que as tecnologias digitais proporcionam é o trabalho colaborativo (na terminologia de computação, *groupware*). Os participantes não precisam comunicar-se em tempo real e podem estar dispersos geograficamente. Esta forma de interação tem potencial enorme ainda não explorado adequadamente na Educação, pelo seu caráter atemporal e ao mesmo tempo temporal, com expansão e disponibilidade ilimitada. Como pressupostos da Pedagogia moderna, a postura mediadora do professor, focada nas necessidades dos educandos, pode contar com este aliado – o *groupware* – para favorecer a aprendizagem colaborativa, em que se pode contar com a interação professor-estudante e também com a interação estudante-estudante.

Com a construção de artefatos de software apropriados, o recurso da simulação pode vir a consolidar-se como instrumento valioso de aprendizagem, pela possibilidade de experimentação, em especial nas situações em que riscos de acidentes poderiam ocorrer ou naquelas em que os custos exigidos para a realização das experiências seriam proibitivos. Os recursos de simulação existentes hoje em certas áreas industriais, como os simuladores para treinamento de pilotos de aeronaves e de navios, permitem vislumbrar seu uso na Educação, inevitavelmente. Com respeito à construção de modelos no computador, simulando algum artefato que se deseja, Lévy (1993, p. 123) afirma que

> (...) os longos e custosos processos de tentativa e erro necessários para o desenvolvimento de instalações técnicas, de novas moléculas ou de arranjos financeiros podem ser parcialmente transferidos para o modelo, com todos os ganhos de tempo e benefícios de custo que podemos imaginar. Mas o que nos interessa aqui é, em primeiro lugar, o benefício cognitivo. A manipulação dos parâmetros e a simulação de todas as circunstâncias possíveis dão ao usuário do programa uma espécie de intuição sobre as relações de causa e efeito presentes no modelo. Ele adquire um *conhecimento por simulação* do sistema modelado, que não se assemelha nem a um conhecimento teórico, nem a uma experiência prática, nem ao acúmulo de uma tradição oral.

Com a simulação em computador, adquire-se uma nova faculdade – a faculdade de imaginar – pois com simples toques em uma tela, podemos dar vazão à nossa imaginação. Por isso, Lévy (*op. cit.*) diz que a simulação é a imaginação assistida por computador, potencializando a aprendizagem de forma indiscutível. E acrescenta que a simulação proporciona um aumento dos poderes da imaginação, aguçando e fortalecendo a intuição.

Há uma característica presente nas tecnologias intelectuais: são resultantes de um feixe de outras tecnologias agregadas. Cada nova tecnologia agregada tem o potencial de modificar o uso daquela. Por isso, uma tecnologia intelectual não é produto imutável com significado sempre idêntico. Lévy (1993) exemplifica com o processamento de texto em um computador: cada um já é uma tecnologia em si. Junte-se a outras tecnologias: a escrita, o alfabeto, a impressão. Associe-se com a impressão a laser, os bancos de dados, a disponibilização do texto na internet. Uma tecnologia por ser criada pode incorporar-se, de alguma forma, para acrescentar novas possibilidades ao processamento de textos.

Outra característica das tecnologias intelectuais: cada ator pode definir e atribuir um novo sentido a elas, modificando-as em vista de algum interesse particular. É o que se diz enquadrar-se nas "leis das consequências imprevisíveis": uma tecnologia inicialmente criada para um propósito acaba por encontrar aplicação inesperada em outras áreas. A história da Ciência está repleta destes casos. Por exemplo, o microprocessador foi criado originariamente em projeto de mísseis; a origem da internet está ligada à preservação descentralizada de dados militares: a interligação dos computadores impediria que um posto fora do ar afetasse a disponibilização dos segredos militares.

A respeito dos papéis mútuos do visual e do simbólico, Tall (2009) exemplifica com o problema de dividir três pizzas entre quatro pessoas: duas pizzas são cortadas ao meio (4 metades, portanto); cada pessoa recebe uma metade; a pizza restante é dividida em quatro partes; cada pessoa recebe um quarto desta pizza. Visualmente, pode-se ver cada pessoa com três quartos de uma pizza. A ação de dividir três por quatro pode ser expressa simbolicamente como uma fração. A concepção visual favorece uma visão prática da tarefa; a concepção simbólica somente começa a fazer sentido após uma longa compressão mental por meio de contagem de números, compartilhamento e frações equivalentes. Estes dois aspectos da mesma ideia tipificam como o visual pode possibilitar uma ideia global, holística em matemática enquanto o simbólico produz um método sequencial, operacional capaz de grande poder computacional. Porém, nem sempre os dois casam, facilmente. Neste contexto, Tall (*op. cit.*, p. 14) assevera:

> It is here that the computer can be of vital assistance, suitably supported by guidance from the teacher as mentor. Because the computer is able to carry out the algorithms to enable visual manipulation and symbolic manipulation, it is possible to allow the learner to focus on specific aspects of importance whilst the computer carries out the algorithms implicitly. This provides what

I have termed, somewhat grandiosely, as the *principle of selective construction*. It allows the learner to obtain an overall holistic grasp of ideas either before, or at the same time as studying the related symbolic procedures that were traditionally the first things to be studied and practiced by the learner, enabling the growing individual to gain a new equilibrium with mathematical ideas in a new technological age. It is not a universal panacea, for different individuals have different ways of coping with the mathematical world, but it offers different kinds of experiences which can be supportive to a wide spectrum of approaches.

É aqui que o computador pode ser de vital ajuda, convenientemente apoiado pela orientação de um professor como mentor. Como o computador é capaz de executar os algoritmos que possibilitam a manipulação visual e a manipulação simbólica, é possível permitir que o estudante focalize em aspectos específicos de importância, enquanto o computador executa os algoritmos implicitamente. Isto proporciona o que eu chamo, um tanto pomposamente, como o princípio de construção seletiva. Possibilita ao estudante ter um domínio holístico completo de ideias antes ou ao mesmo tempo em que estuda os procedimentos simbólicos relacionados que seriam tradicionalmente as primeiras coisas a serem estudadas e praticadas por ele, possibilitando-lhe o crescimento individual para ganhar um novo equilíbrio com ideias matemáticas em uma nova era tecnológica. Não é uma panaceia universal, para diferentes indivíduos terem diferentes maneiras de tratar o mundo matemático, mas oferece diferentes tipos de experiências que podem constituir base para um amplo espectro de abordagens (nossa tradução).

Mas há outra face da utilização da tecnologia a ser analisada, em especial para uso educativo: as possíveis restrições existentes. É o que será abordado na próxima Seção.

8.1 RESTRIÇÕES ÀS TECNOLOGIAS DIGITAIS NA EDUCAÇÃO

A despeito das potencialidades citadas acima, há críticos que apontam desempenho insatisfatório quando se pôde aferir o aprendizado com o uso do computador. Por exemplo, Tom Dwyer, Jacques Wainer et als (Dwyer, Wainer et als, 2007, p. 1307)[29] no artigo "*Desvendando Mitos: os Computadores e o Desempenho no Sistema Escolar*". Neste artigo, os autores analisam a bibliografia internacional disponível que se refere ao "uso da Informática nos ensinos fundamental e médio como instrumento de ensino/aprendizagem". O objetivo do trabalho era levantar as evidências empíricas sobre os efeitos do uso do computador na efetividade da ação pedagógica. Com base na análise de 306 artigos que tratam do uso do computador no ensino fundamental e médio, eles apontam:

> A primeira conclusão que pode ser extraída dos resultados desta revisão bibliográfica é que, apesar da crença de que o uso de computadores traz amplos benefícios para os ensinos fundamental e médio, não existe corpo de evidências empíricas baseadas em estudos de natureza experimental que sustente esta hipótese (Dwyer, Wainer et als, 2007, p. 1308).

Os autores do artigo chegam a endossar o trabalho de um dos autores (Dwyer) publicado em 1997, cujas conclusões "sugerem que em certos casos a introdução de computadores nas escolas pode estar associada à redução da qualidade de ensino" (Dwyer, Wainer et als, 2007, p. 1310).

Como argumento final apresentado pelos autores, eles analisam dados do Sistema de Avaliação da Educação Básica (SAEB) – exame aplicado nacionalmente a estudantes da Educação Básica, escolhidos aleatoriamente, obedecendo a critérios demográficos –

---

[29] Disponível em http://www.cedes.unicamp.br.

com o objetivo de obter resposta para a seguinte questão: "qual é o impacto mensurável do uso de computadores sobre o desempenho de alunos?" (Dwyer, Wainer et als, 2007, p. 1311).

No item **Discussão**, que antecede as conclusões, os autores afirmam:

> Os resultados da nossa análise bibliográfica internacional parecem indicar que as evidências em favor da hipótese de que computadores são benéficos para o desempenho escolar fundamental e médio são pouco convincentes e provavelmente não muito significativos. Isso parece contrastar fortemente com a crença da maioria das pessoas. As políticas públicas brasileiras que favorecem a introdução de computadores nas escolas parecem estar baseadas na hipótese de que o uso de computadores pelos alunos traria benefícios significativos para a qualidade do ensino fundamental e médio. Uma análise da bibliografia brasileira demonstrou a existência de uma crença, por parte de muitos pesquisadores, de que a adoção das TICs seja por si só associada com melhoras na escola. Esta 'expectativa positiva' levou à falta de pesquisa empírica para testar esta hipótese, que acabou sendo tratada como uma *a priori* (Dwyer, Wainer et als, 2007, p. 1322-23).

Adiante, com base em dados do Sistema de Avaliação da Educação Básica (SAEB) de 2001, eles afirmam:

> O uso do computador (seja na escola, em casa, no trabalho ou em outro local) não é associado a uma melhoria uniforme do desempenho do aluno no sistema escolar. Pelo contrário, aqueles que sempre usam o computador têm pior desempenho que outros usuários da mesma classe social (Dwyer, Wainer et als, 2007, p. 1324).

No entanto, não há menção no artigo se o computador é usado na sala de aula ou no laboratório de informática, e não só em casa.

Dada a carência econômica de grande parte da população, seria importante que todos pudessem usar computadores na escola. Esta lacuna no artigo compromete seriamente as conclusões apresentadas. Perguntas que precisariam ser respondidas: como o computador é usado na sala de aula? Como a implantação da tecnologia digital foi feita? Foi precedida de treinamento para os professores? Houve mudança das práticas docentes em decorrência de sua utilização? Qual a relação computador-estudante? Como estas questões, outras mais não são respondidas. Mas conclui-se apressadamente que as Tecnologias Digitais não potencializam a aprendizagem.

Mesmo em face das conclusões do estudo referido, persiste a questão da necessidade da medição da efetividade do uso das Tecnologias Digitais no processo de ensino e de aprendizagem.

Area (2006, p. 164) reporta estudos com base na história e na evolução da tecnologia no ensino, em que é perceptível um padrão que se repete quando se pretende incorporar um meio ou uma tecnologia novos no ensino: expectativas exageradas são criadas de que este novo recurso inovará o ensino e a aprendizagem. Algum tempo depois da aplicação nas escolas, percebe-se que o impacto ficou longe do que se apregoava de início, por conta dos mesmos fatores de sempre: "falta de meios suficientes, burocracia, preparação insatisfatória dos professores". Isto aconteceu com o rádio, com a TV, com o vídeo, com o projetor multimídia, e com o computador (*desktop*, *notebook*, *netbook*, e brevemente poderemos incluir os tablets nesta lista, também). Observa-se, como consequência, que "os professores mantêm suas rotinas tradicionais apoiadas basicamente nas tecnologias impressas".

Além disso, podem ser apontados outros fatores que afetam o uso das Tecnologias Digitais nas escolas: a disponibilidade de equipamentos em número suficiente para todos os estudantes, levando-se a montar laboratórios de informática, local onde os equipamentos são mantidos inacessíveis aos estudantes, salvo em ocasiões especiais – quando ocorrem aulas de informática – em que é ensinado o uso de processadores de texto, de sistemas operacionais, o acesso à internet e a outros programas. Inescapavelmente, nada a ver com as outras disciplinas que os educandos estudam.

Este problema ainda é agravado pela inexistência de forma de suporte e manutenção de hardware e software, que garanta que a plataforma computacional esteja toda disponível quando estas atividades esporádicas são programadas. Não raro inexiste software educativo apropriado para cada disciplina específica. Isto se alia ao fato de os professores não receberem treinamento adequado que lhes permita adequar os recursos computacionais a suas práticas docentes.

Area (2006) sintetiza assim a série de fatores que incidem no sucesso ou fracasso dos projetos para incorporar pedagogicamente novas tecnologias ao ensino:

- A existência de um projeto institucional que impulsione e avalize a inovação educativa utilizando tecnologias informáticas.
- A dotação suficiente e adequada da infraestrutura e recursos informáticos nas escolas e salas de aula.
- A formação dos professores e a predisposição favorável deles com relação às TIC.
- A disponibilidade de variados e abundantes materiais didáticos ou curriculares de natureza digital.
- A existência de condições e cultura organizativas nas escolas que apoie e impulsione a inovação baseada no uso pedagógico das TIC.
- A configuração de equipes externas de apoio aos professores e às escolas destinadas a coordenar projetos e facilitar soluções para os problemas práticos (*op. cit*, p. 166).

A introdução de novas tecnologias realmente deve ser feita obedecendo a projeto institucional (e depois de implantado, deve transformar-se em operação contínua) que contemple criteriosa escolha das tecnologias, amplo programa de treinamento para absorção e domínio tecnológico e retaguarda para suporte em casos de possíveis dificuldades de uso. Tanto quanto possível, a utilização da tecnologia deve ser organizada de modo a dispensar terceiros (técnicos, por exemplo): ou seja, o docente, sozinho, com pouco esforço, sem perda de tempo, deve dar conta do que for necessário para a utilização. Este tem sido o caminho inexorável da informatização: a possibilidade de usar a tecnologia digital sem necessidade de conhecimento técnico, dispensando a presença de especialista para o manuseio. Aqui, para ilustrar providência básica que elimina a perda de tempo precioso: computador e projetor já instalado em cada sala de aula, de modo que o professor apenas conecte seu *pendrive* com o material de sua aula ou então seu *notebook*. Citamos este conjunto porque é o mínimo de recurso tecnológico que cada sala de aula deveria ter. Da mesma forma, no tocante à infraestrutura suficiente e adequada referida por Area (2006), é inescapável hoje *wireless* e tomadas em número suficiente para a capacidade da sala. Outro aspecto a ser considerado é a necessidade de desenvolvimento de materiais didáticos digitais, haja vista a carência de artefatos que explorem todos os conteúdos dos programas escolares, como também as potencialidades das tecnologias. Nesta direção, desde 2014, o MEC incluiu no Programa Nacional do Livro Didático a exigência de que as editoras elaborassem versões digitais de seus livros, não limitadas à cópia do livro impresso, mas com a disponibilização de vídeos, jogos, simuladores, fotos, associados aos conteúdos.

A predisposição do professor dar-se-á na medida de sua percepção de que a tecnologia é sua aliada para desincumbir-se bem de sua missão, e não um estorvo a que está sujeito pela inexistência dos recursos e do suporte necessários.

A constituição de um acervo de material didático digital é fundamental para manter a atualização das ferramentas educacionais empregadas, reforçando-se o comprometimento de todos na busca de experiências sobre novos artefatos testados.

Kenski (2007, p. 45) também atesta o fato de que as Tecnologias Digitais não provocam

> alterações mais radicais na estrutura dos cursos, na articulação entre conteúdos e não mudam as maneiras como os professores trabalham didaticamente com seus alunos. Encaradas como recursos didáticos, elas ainda estão muito longe de serem usadas em todas as suas possibilidades para uma melhor educação.

Tudo continua a ocorrer sem levar em conta as potencialidades das Tecnologias Digitais. As aulas continuam da mesma forma: seriadas, finitas no tempo, sem explorar as possibilidades ampliadas do trabalho em grupo não restrito ao espaço da sala de aula, associadas a uma disciplina específica de uma área do saber, completamente diferente daquilo que se encontra na realidade em que o estudante vive. Nenhuma ou insuficiente articulação entre os professores para atenuar o fato de as disciplinas tratarem de assuntos específicos. A desejável interdisciplinaridade não é praticada e nem buscada como objetivo real de todos.

Para que as Tecnologias Digitais sejam incorporadas pedagogicamente precisam ser compreendidas em todas as suas particularidades. As especificidades do ensino têm que ser levadas em conta para que esta utilização ocorra de forma adequada, de modo a que o uso da tecnologia faça a diferença (Kenski, 2007).

Portanto, inserir tecnologia com mesmo currículo e mesma pedagogia, é desperdício. E manter um laboratório de informática para aulas eventuais é também reprovável. "Ou o computador está presente na sala de aula e é apreendido por professor e alunos como parte da matéria, ou é inútil" (Ioschpe, 2012, p. 158).

De Masi (2000) já apontava que, com as novas tecnologias, se vive no que se pode chamar sociedade pós-industrial, que valoriza mais o conhecer do que o fazer. Para Levy (1999), trabalhar significa, cada vez mais, aprender, produzir conhecimentos, transmitir seus saberes. Não adianta prever com muita antecedência as exigências de conhecimento para o trabalho: elas certamente não valerão no futuro, já que as necessidades mudam constantemente.

Analisando-se os vários casos de tentativas frustradas de utilização das tecnologias na Educação, nota-se recorrência nos problemas. Alguma instância da gestão educacional decide pelo investimento em dada tecnologia. Sem que estudos de custos e benefícios sejam realizados, sem o envolvimento e a participação do principal agente do sucesso do projeto – o professor –, a decisão de aquisição é tomada. Quando se prevê o treinamento do professor no uso da nova tecnologia, a aplicação pedagógica não é tratada. É o que ocorre hoje, por exemplo, com a utilização exagerada do conjunto projetor-notebook para leitura interminável de *slides* em *Powerpoint* pelo professor. Esta forma de aula em nada difere daquela em que se utilizavam transparências, ou ainda daquela, anterior aos retroprojetores, em que o quadro negro era o local onde o professor escrevia o conteúdo de sua aula, para a transcrição para o caderno pelos estudantes. A dinâmica é a mesma, com a utilização de diferentes recursos tecnológicos. Kenski (2007) aponta ainda dois casos de utilização inadequada de tecnologia: o do professor que projeta um filme que toma todo o tempo da aula, sem espaço para informações preparatórias sobre o que será projetado e sem debates posteriores para discussão das ideias contidas no filme e sua associação com os temas de interesse da disciplina; e outro caso é o uso da internet como mero banco de dados para que os estudantes façam alguma "pesquisa", sem discussão sobre as fontes utilizadas, sem o confronto entre elas, sem a análise do que poderia ter sido apresentado, e não foi.

Kenski (2007) formula a pergunta: e o que dizer dos projetos de educação a distância com o professor falando em rede para centenas de estudantes no país todo, baseada no desempenho do professor, desconhecendo os interesses, as necessidades e as especificidades dos estudantes? Ela responde: o que é isto senão uma tradicional aula expositiva, usando tecnologia? Em nenhum momento o estudante manifesta-se ou, se o faz, é de forma escassa. Um segundo problema apontado pela autora é a não adequação da tecnologia ao conteúdo que vai ser ensinado e aos propósitos do ensino. Como cada tecnologia tem a sua especificidade, é necessário que se busque compreender como ela pode ser utilizada no processo educativo. Da forma como usualmente é feito, ao avaliar-se o investimento realizado, atesta-se que o retorno em aprendizagem é desprezível ou nulo.

A utilização das Tecnologias Digitais tem sido feita mais como estratégias de *marketing*, econômica e política por escolas, obedecendo a certo modismo, mas, da forma como são introduzidas, não conseguem melhorar os níveis de aprendizagem escolar. Adiante definiremos condições precisas para utilização com sucesso destas tecnologias.

Um obstáculo para a utilização das tecnologias por parte do professor reside na sua dificuldade (por falta de tempo) em participar de ações de educação continuada, o que possibilitaria atenuar alguma deficiência de formação inicial, e supriria a inexistência de ações de autodidatismo. Por outro lado, os treinamentos realizados deveriam levar em conta as práticas pedagógicas dos profissionais e também suas condições reais de trabalho (Kenski, 2007).

Do ponto de vista técnico, cabe à administração da rede de computadores das escolas a implantação de filtros que impeçam o acesso a material ilícito, pornográfico ou impróprio para o ambiente escolar, da mesma forma que se faça o bloqueio a sítios inadequados, e se restrinja a utilização de qualquer software não autorizado (pirata).

A escola tem função precípua de formar cidadãos conscientes, críticos, imbuídos de valores e de consciência democrática. A par destes valores, acrescentam-se o conhecimento para inserção produtiva na sociedade e, no que tange à tecnologia, o discernimento para tratar adequadamente o excesso de informações e a convivência em ambiente de mutação constante, impactado por novas tecnologias, que lhe exigem capacidade de absorção rápida para utilização e disseminação.

Não cabe qualquer submissão à tecnologia. Cabe identificar sua aplicabilidade ao ambiente escolar; se percebida, deve ser utilizada. Caso não seja apropriada, deve ser descartada.

Em seguida, são feitas algumas considerações sobre a educação a distância.

Chama-se educação *on-line* à modalidade de educação a distância realizada via internet, em que se utilizam recursos de comunicação síncronos (*chats*, videoconferência, dentre outros) e assíncronos (*e-mails*, sítios ou portais educacionais, dentre outros). Nada impede que esta forma de educação seja oferecida, complementarmente, para a modalidade presencial; aliás, é um reforço de valor inestimável.

Outra forma tradicional de usar tecnologia em educação é o caso dos cursos de autoaprendizagem. Nesta modalidade, o estudante lê dado conteúdo, disponível em algum meio de armazenamento – *computer based training* (cbt), ou na internet – *web based training* (wbt) e depois responde questões de múltipla escolha; é possível submeter respostas para correção, com a identificação da pontuação obtida e as questões erradas. Nesta modalidade, o computador faz as vezes de professor eletrônico, transmitindo conteúdo básico (Kenski, 2007).

Sem dúvida que se trata de uma visão tradicionalista de ensino, centrada na transmissão de conhecimentos, esta oferecida pelos cursos de autoaprendizagem, nas modalidades citadas. Mas que cumpre um papel relevante: possibilitar que o estudante tenha contato preliminar com o conteúdo a ser tratado depois na sala de aula. Este tratamento pode ser por meio de perguntas, de debates, de discussões, de uso do conteúdo em aplicações ou em projetos. Assim, as aulas deixariam de ser essencialmente conteudistas, e poderiam contar com maior participação dos estudantes.

Outro aspecto a destacar é a possibilidade que as Tecnologias Digitais oferecem de implementar processos cooperativos de aprendizagem, envolvendo participação de todos os estudantes. Sem dúvida, a dificuldade aqui reside em motivar a participação dos educandos. Em pequenos experimentos que conduzimos informalmente, obtivemos baixo envolvimento dos estudantes.

Uma característica que as Tecnologias Digitais proporcionam, já aventada no primeiro capítulo, é o fato de que as possibilidades de ensino e de aprendizagem não ficam restritas ao espaço e ao tempo da sala de aula. Estabelece-se a onipresença e a atemporalidade do ensino e da aprendizagem. Além disso, pode-se dar tratamento personalizado aos estudantes mesmo quando a turma é numerosa. Na interação com programas de suporte à aprendizagem, notificações podem ser passadas ao professor a respeito de dificuldades individuais percebidas, permitindo que ele atue diretamente para vencer as barreiras apontadas.

8.2 DISTÂNCIA TRANSACIONAL

Um conceito relevante utilizado pela educação a distância é o de distância transacional, que se pode trazer para discussão neste ponto. Este conceito procura descrever as relações professor-estudante quando ambos estão separados no espaço e/ou no tempo. Ele tem origem no conceito de transação, formulado por J. Dewey e A. F. Bentley, em obra publicada em 1949 pela Beacon Press de Boston, intitulado *Knowing and the Known* ("Conhecendo e o Conhecido"), e representa a interação entre os indivíduos, o ambiente e os padrões de comportamento em dada situação (Moore, 2002).

A separação geográfica de estudantes e professores na Educação a Distância leva a padrões especiais de comportamento, e, claro, afeta intensamente o ensino e a aprendizagem. Moore (2002, p. 2) afirma que,

> com a separação surge um espaço psicológico e comunicacional a ser transposto, um espaço de potenciais mal-entendidos entre as intervenções do instrutor e as do aluno. Este espaço psicológico e comunicacional é a distância transacional.

É óbvio que, mesmo na educação presencial, existe em alguma medida distância transacional. Adiante, são analisadas algumas formas de reduzir a distância transacional neste caso.

Moore (2002), no artigo em que define a Teoria da Distância Transacional, aponta que a extensão da distância transacional em qualquer programa educacional é função de três variáveis: Diálogo Educacional, Estrutura do Programa de Ensino e Autonomia do Estudante. Estas três variáveis são inter-relacionadas, e cada uma delas, por sua vez, é afetada por vários fatores.

DIÁLOGO EDUCACIONAL

O diálogo estabelece-se na interação entre professor e estudantes. Apresenta as seguintes características: é intencional, construtivo e tem valor reconhecido pelas partes. Cada parte do diálogo é um ouvinte atento e ativo; contribui com a outra parte da forma que pode. Moore (2002) associa o termo "diálogo" a uma interação ou a uma série de interações positivas, direcionadas para o aperfeiçoamento da compreensão do educando. Portanto, uma interação negativa ou neutra não constitui diálogo.

A extensão e a natureza do diálogo são determinadas pela filosofia educacional do responsável pelo projeto do curso, pelo conteúdo do curso, pelas personalidades de professores e estudantes, pelo objeto do curso e por fatores ambientais. Um fator ambiental óbvio é o meio de comunicação empregado para se estabelecer a interação. Um programa educacional realizado unicamente pela televisão não proporcionará diálogo professor-estudante, pois este meio não permite que o educando envie mensagens ao professor. Isto ocorre também com um arquivo de áudio, um CD, um DVD. Há uma resposta interior do educando ao que é transmitido, mas não chega ao professor (trata-se de um diálogo virtual). Uma comunicação por correio eletrônico possibilita diálogo (com menos espontaneidade e mais reflexividade), mas com algum retardo na interação; uma comunicação por *chat* tem a vantagem de ocorrer em tempo real (com mais espontaneidade e menos reflexividade). A troca de meio de comunicação pode aumentar ou reduzir o diálogo entre educandos e professores, reduzindo ou aumentando a distância transacional (Moore, 2002).

São também fatores ambientais que influenciam o diálogo: o número de estudantes por professor, a frequência da interação, o ambiente físico onde os estudantes aprendem e onde os professores ensinam.

ESTRUTURA DO PROGRAMA DO CURSO

A Estrutura do Programa do Curso explicita "a rigidez ou a flexibilidade dos objetivos educacionais, das estratégias de ensino e dos métodos de avaliação do programa" (Moore, 2002, p. 5). A estrutura descreve como cada necessidade individual do estudante é tratada, e é determinada pelos meios de comunicação empregados. Além destes aspectos, outros são determinantes: filosofia e características emocionais dos professores, personalidade dos estudantes, restrições impostas pelas instituições educacionais.

Moore (2002) exemplifica com um programa de televisão gravado: tudo é altamente estruturado, segundo a segundo. Não há qualquer diálogo professor-estudante, e nenhuma chance de levar em consideração a contribuição dos estudantes. Neste caso, programa altamente estruturado, não há nenhum diálogo professor-estudante, consequentemente a distância transacional entre estudantes e professor é grande. Por outro lado, em um programa por videoconferência, que apresente estrutura flexível e possibilite intenso diálogo professor-estudantes, terá pequena distância transacional.

AUTONOMIA DO ESTUDANTE

Para Moore (2002), a autonomia do estudante ocorre na medida em que ele determina os objetivos e as experiências de aprendizagem e também as decisões de avaliação do programa de aprendizagem. Isto não cabe ao professor. Aliás, cabe, isto sim, ajudá-los a adquirir esta habilidade, já que nem mesmo todos os adultos estão preparados para uma aprendizagem completamente independente.

Uma forma de diálogo frequente no ensino presencial e buscado pelo ensino a distância é aquele que ocorre entre os estudantes, naturalmente, em pares ou em grupos, com ou sem a presença de um professor em tempo real. Os grupos de estudantes aprendem tanto pela interação ocorrida intergrupos quanto pela interna ao grupo. Qualquer processo de ensino não pode prescindir da aprendizagem decorrente da construção coletiva do conhecimento, em que cada estudante pode interagir com as ideias dos outros, no seu próprio tempo e ritmo (Moore, 2002).

Como formas de diminuir a distância transacional em cursos presenciais, Tori (2002) propõe algumas ações: disponibilização de monitoria on-line aos estudantes, para eliminar dúvidas existentes que não foram tiradas na sala de aula; gravação de vídeo de aulas magnas e disponibilização aos estudantes, por meio de servidores de *video streaming*; substituição de aulas expositivas para grandes plateias por material interativo on-line, a serem complementadas por aulas presenciais com carga horária menor e pequeno número de estudantes; estas aulas seriam destinadas à realização de dinâmicas de grupo, discussões, esclarecimentos de dúvidas, orientações. Outras ações: criação e incentivo à participação em fóruns de discussão segmentados por série, por disciplina, por projeto; disponibilização de laboratórios virtuais para a realização de experiências preparatórias, que, depois, seriam realizadas em laboratórios reais.

Kenski (2007) aponta que a interatividade (possibilidade de interação entre as partes envolvidas na aprendizagem no momento que se requeira), a hipertextualidade (textos interligados entre si, com acesso a outras mídias – sons, fotos, vídeos) e a conectividade (acesso rápido à informação e à comunicação interpessoal) garantem o diferencial que as tecnologias digitais possibilitam para a aprendizagem individual e grupal. Podemos acrescentar ainda a estes três itens citados por Kenski: a capacidade de realizar simulações, experimentações e cálculos repetitivos e complexos, em tempo curto e com escasso esforço.

Para arrematar: o uso das tecnologias digitais pode auxiliar os professores na busca de despertar o interesse, o envolvimento e a colaboração dos estudantes nas ações propostas, com mais chances de que a aprendizagem efetiva seja alcançada.

A despeito disto, há outra face que precisa ser olhada também. Gonsales (2013) aponta os seguintes problemas que a utilização das tecnologias digitais pode acarretar nas salas de aulas:

a) Distração e dispersão: em vez de acompanhar o que está sendo apresentado ou discutido, o estudante pode distrair-se navegando na *web*, jogando ou utilizando algum software que nada tenha a ver com a aula, ou utilizando algum equipamento digital (telefone celular, tocador de áudio);

b) Informações não confiáveis: como mencionado, nem todo conteúdo disponível na *web* é confiável, por isso aprender a pesquisar na internet é fundamental;

c) Aprendizagem superficial: os conteúdos superficiais da *web* podem inibir o aprofundamento necessário em muitos casos. No entanto, esta questão não está restrita às tecnologias digitais, podendo ocorrer em qualquer meio de consulta que o estudante venha a empregar. Trata-se mais de contar com uma definição do nível de profundidade requerido na pesquisa a ser realizada.

8.3 CONDICIONANTES DE SUCESSO DA UTILIZAÇÃO DE TECNOLOGIAS DIGITAIS NA EDUCAÇÃO

Houve tempo em que toda escola aspirava possuir um laboratório de informática. A sala para acomodar os computadores exigia instalações adequadas, com bancadas e instalações elétricas e de refrigeração. Outra questão associada era a alocação de um técnico ou a contratação de uma empresa para fazer a manutenção dos equipamentos – projetores, estabilizadores e computadores. Isto envolvia reparo do hardware, como também a instalação de software. Havia a necessidade de equipamentos de reserva para substituir os que apresentassem defeito, já que se buscava manter relação de um computador por dois estudantes nos piores casos.

Que experiência se pode extrair deste período? A designação de um professor para acompanhar o que dez a vinte estudantes faziam nos computadores era impossível. Então havia a necessidade de monitores para atenuar o problema da resolução de dúvidas que os estudantes tivessem.

O impedimento eventual do técnico ou sua inexistência era complicador, pois alguém precisava assumir a responsabilidade pelo patrimônio.

E a questão da chave do laboratório? Controle era necessário para garantir que componentes do computador não desaparecessem.

Por fim, o laboratório de informática acabava, quase sempre, em desuso pela defasagem dos computadores, visto que não havia atualização/manutenção que garantisse solução dos problemas.

Concluo que esta estrutura escolar já foi justificável, mas, hoje, não é mais, pois a tônica é a mobilidade. A existência de laboratório de informática deve ser eliminada, ou reduzida significativamente, por absoluta ineficácia amplamente comprovada. Fazia sentido quando os equipamentos não possibilitavam a mobilidade de hoje: os computadores atuais têm peso, tamanho e preço reduzidos.

O que propor em seu lugar? A escola adquire *notebooks* (ou *netbooks*) e os entrega aos estudantes que não possuírem. O aluno então leva seu micro para todas as atividades de aula que tiver. Concordo com Trucano (2013) quando afirma que, se o objetivo é que as Tecnologias Digitais contribuam diretamente para o processo de aprendizado nas principais matérias, elas devem estar onde estas matérias são ensinadas: nas salas de aula.

Caberia ao professor indicar o software de que precisa para que sua prática docente se concretize na sala de aula.

DiMaggio *et als* (2001) relacionam cinco dimensões que podem fazer a diferença quando se trata de utilizar adequadamente as Tecnologias Digitais na Educação:

1) Os meios técnicos disponíveis: isto significa hardware, software, conteúdos, qualidade da ligação à rede;

2) Autonomia do uso: a localização do acesso, a liberdade para usar os recursos para as atividades preferidas;

3) Os padrões de uso: os tipos de uso mais frequentes e os mais esporádicos;

4) As redes de apoio existentes: a disponibilidade de outros para ajudar no uso, quando necessário; a dimensão das redes que encorajam e motivam o uso;

5) As habilidades já adquiridas: as capacidades para realmente usar os recursos disponíveis.

Este conjunto de fatores é determinante para garantir continuidade da utilização das Tecnologias Digitais, quando complementado com uma estrutura de troca de experiências e de materiais entre os professores.

Ponte e Simões (2013) citam que se pode ter, pelo menos, dois níveis de utilização de Tecnologias Digitais: um primeiro nível, que poderia ser inferido por quando ocorreu o primeiro acesso e pelo local de acesso, pelos recursos tecnológicos utilizados para acesso e pela frequência de uso. A duração da experiência digital é fator preponderante para obter habilidade na utilização da tecnologia digital e também constitui um indicador da penetração da Internet num país.

Na pesquisa TIC KIDS 2012[30], que o Comitê Gestor da Internet no Brasil (CGI.br) realizou em 2012, com o objetivo de mapear oportunidades e riscos associados ao uso da Internet por jovens brasileiros de 9 a 16 anos, o número de respondentes abaixo dos 10 anos contava 44% e quase um terço (31%) tinha começado a usar com 11 anos ou mais. Considerando a classe social: dentre os que começaram a usar a Internet com mais de 11 anos, 18% são das classes AB, quase um terço na classe C (32%) e quase a metade (47%) é da classe DE, o que denota grande desigualdade nos pontos de partida destas gerações de estudantes. Quanto ao local de acesso à Internet, é preponderante o domicílio, com 60%. Quanto ao recurso tecnológico utilizado para o acesso, em primeiro lugar vem o PC compartilhado com 38%; em segundo lugar o acesso pelo celular

---

[30] Disponível em http://cetic.br/publicacoes/2012/

com 21% e depois com PC pessoal com 20%. A frequência de uso permite identificar como a Internet se insere no cotidiano do estudante. Apontam uso frequente 47% das crianças e jovens entrevistados. Das classes AB, 66% acessam todos os dias; da classe C – 45%; das classes DE acessam 17%.

O segundo nível de utilização de Tecnologias Digitais é dado pelas atividades que o estudante é capaz de executar. Isto pode ser avaliado em diferentes estágios: o primeiro estágio consiste em procurar, e obter informação disponível – isto constitui um nível básico; o segundo estágio acrescenta ao nível anterior a habilidade com jogos, troca de mensagens instantâneas, descarga de música e utilização de correio eletrônico – nível intermediário; o terceiro estágio – o do utilizador pleno – inclui recursos interativos como as redes sociais e o emprego de pacotes de software que possibilitam soluções criativas para problemas que se deseja resolver (Ponte e Simões, 2013).

O próximo Capítulo aborda aquilo que é o objetivo do esforço do professor: a aprendizagem do aluno.

8.4 TEXTOS PARA REFLEXÃO

Extraídos de FURTADO, A. B. *"Casos e Percepções de um Professor"*. Belém: abfurtado.com.br, 2016.

8.4.1 TEXTO 1: *SALA DE AULA E EXCLUSÃO*

O Professor Adilson Espírito Santo (IEMCI/UFPA) afirma:
  – Não há ambiente mais excludente do que a sala de aula: é comum o professor direcionar sua atenção para os que respondem suas demandas; quem não atende, é excluído. Ou seja, quem sabe mais saberá mais ainda; quem sabe menos cada vez mais saberá menos ainda.

  Há professores que dão mais atenção para os estudantes mais aplicados, aqueles que sobressaem na execução das tarefas que lhes são indicadas, que respondem suas perguntas e que lhes apresentam questões pertinentes.

Em especial, isto ocorre nas aulas de Matemática.

O estudante com dificuldade de aprendizagem ficará cada vez mais atrasado em relação aos outros. Até que ele desista ou fique reprovado.

Por conseguinte, sala de aula também é espaço onde pode ocorrer exclusão.

O título sugere um paradoxo decorrente de se dar atenção a quem menos precisa, e pouca atenção a quem não vai avançar sem ela.

A essência do trabalho do professor é fazer com que o estudante aprenda; quando isto não ocorre, faltou eficácia na sua ação. Pode ele ter aplicado técnicas didáticas usuais ou até inovado, mas se não surtiram efeito para parte de seus discentes, faltou-lhe eficácia. Isto lhe imporia tentar novamente.

8.4.2 TEXTO 2: *LEITURA – NECESSÁRIA À VIDA*

Um estudante me falou que não tinha o hábito da leitura. Disse mais: nunca lera um livro completo. No máximo, algumas páginas.

Lembrei o ex-presidente que disse que a leitura lhe dava azia.

E lembrei Wittgenstein e sua frase sobre os limites do pensamento decorrer dos limites da linguagem.

Como desenvolver a linguagem sem leitura?

Como desenvolver a habilidade de argumentar, de contra-argumentar, sem leitura?

Como se habilitar para a escrita se nada lê, ou lê pouco?

Como pensar se não lê?

Como criticar se não lê?

Como desenvolver a rapidez de entendimento se não lê?

Como exercitar a capacidade de propor se não lê?

Como assimilar se não lê?

9. QUE É APRENDIZAGEM?

O objetivo do ensino é a aprendizagem. Aprendizagem é a aquisição de conhecimento a partir do estudo. É o processo de vir a ter melhor compreensão de algo, seja pela intuição, pela sensibilidade, pela vivência, por observação (de exemplos). A evidência da aprendizagem é dada pela mudança observável ou potencialmente observável no comportamento, como resultado da assimilação; esta evidência depende de oportunidade para agir. A aprendizagem implica mudança na capacidade de fazer algo, ou na potencialidade para fazer algo; a aprendizagem implica novas atitudes.

Com respeito aos tempos em que ocorrem – o ensino e a aprendizagem – são diferentes. O ensino pode ser aplicado em dado momento e, para muitos estudantes, só bem depois a aprendizagem pode vir a ocorrer. Isto porque, ensinar, em boa parte, envolve repetir, retomar, rever, apesar de os programas oficiais das disciplinas serem lineares e cumulativos (Tardif & Lessard, 2014).

A Psicologia é a ciência que estuda os processos mentais do ser humano, seu comportamento e suas interações com um ambiente físico e social, tentando explicar como as pessoas pensam, agem e sentem (Lefrançois, 2015).

As teorias da aprendizagem representam tentativas de organizar observações, leis, princípios e conjecturas acerca do comportamento humano.

9.1 CLASSIFICAÇÃO DAS TEORIAS DA APRENDIZAGEM

As Teorias da Aprendizagem são classificadas em duas correntes: o behaviorismo (ou comportamentalismo) e o cognitivismo (Lefrançois, 2015).

O comportamentalismo engloba as teorias que se concentram nos aspectos mais objetivos do comportamento, como estímulos, respostas e recompensas. Os estímulos são as condições que levam ao comportamento; as respostas são o comportamento resultante dos estímulos verificados. Para os behavioristas, estes elementos são os únicos aspectos do comportamento que podem ser observados.

Os teóricos que representam o behaviorismo são: Edward L. Thorndike, Ivan P. Pavlov, Edwin Guthrie, John B. Watson, Burrhus Frederic Skinner, Clark L. Hull.

As variáveis de interesse dos behavioristas são: estímulos, respostas, reforço e punição.

Antecedendo o cognitivismo (a outra corrente), há teorias que compartilham a crença behaviorista, mas usam conceitos biológicos. Trata-se de uma transição para a corrente cognitivista: é chamada de cognitivismo moderno. Figuram nesta corrente os teóricos: R. A. Rescorla-Wagner, Edward O. Wilson, Donald Olding Hebb, Edward Chace Tolman, Kurt Koffka, Wolfgang Köhler e Max Wertheimer.

As variáveis de interesse dos cognitivistas modernos são: Psicologia evolucionista, Sociobiologia, estímulos, respostas, reforço, mediação, propósito, objetivos, expectativa e representação.

A outra grande corrente referida acima é o cognitivismo, cuja preocupação é a compreensão da atividade mental humana, em especial as três seguintes dimensões: processamento de informação, representação de informação e autoconsciência.

Os teóricos que representam o cognitivismo são: Jerome Seymour Bruner, Jean Piaget, Lev Vygotsky. Incluem-se aqui os modelos de redes neurais (ou modelos conexionistas) desenvolvidos no ramo da ciência da computação – a inteligência artificial. O conexionismo é a teoria de aprendizagem que se baseia na noção de que a aprendizagem é a formação de conexões neurais entre estímulos e respostas.

As variáveis de interesse dos cognitivistas são: representação, autoconsciência, processamento da informação, percepção, organização, tomada de decisão, resolução de problemas, atenção, memória, cultura e linguagem (Lefrançois, 2015).

Como se pôde observar acima, o comportamentalismo tem como preocupação os acontecimentos externos ao indivíduo. O cognitivismo lida com os eventos internos ao indivíduo.

A teoria da aprendizagem por observação – também chamada aprendizagem social pela imitação – de Albert Bandura faz a integração entre as duas correntes (behaviorista e cognitivista).

Moreira (1999) cita uma terceira corrente: o humanismo. Esta abordagem humanística considera, antes de tudo, o aluno como pessoa, essencialmente livre para fazer escolhas a cada momento. O que importa é a autorrealização. E o ensino é orientado para facilitar o crescimento pessoal. A ideia-chave da abordagem humanística: pensamentos, sentimentos e ações estão integrados; ensino centrado no aluno; busca do crescimento pessoal; aprender a aprender; liberdade para aprender; o professor é facilitador. O mais importante autor humanista foi Carl Ransom Rogers (1902-1987), psicólogo americano, criador da abordagem centrada na pessoa.

Em vez de propor uma teoria da aprendizagem, Rogers apresentou uma série de "princípios de aprendizagem", extrapolados de princípios da sua abordagem centrada na pessoa. Alguns destes princípios são: 1) Seres humanos têm potencialidade natural para aprender; 2) A aprendizagem significante (a que tem significação pessoal) ocorre quando o tópico ensinado é percebido pelo estudante como relevante para seus objetivos pessoais; 3) A aprendizagem é facilitada quando o estudante participa do processo de aprendizagem, decidindo os cursos de ação a tomar e assumindo as consequências dessas escolhas; 4) A aprendizagem autoiniciada que envolve a pessoa do aprendiz como um todo – sentimentos e intelecto – é mais duradoura e abrangente; 5) A aprendizagem socialmente mais útil hoje é a do próprio processo de aprender, uma contínua abertura à experiência e à incorporação, dentro de si mesmo, do processo de mudança (trata-se aqui do "aprender a aprender") (Moreira, 1999).

É reconhecido que a forma e o tempo em que ocorre a aprendizagem são particulares de cada pessoa, dado que sua experiência, sua história de vida é diferente da de qualquer outra. É erro grave considerar que os estudantes de uma turma constituam grupo homogêneo. Seria preferível que fosse assim, mas não é. A aprendizagem de que se fala aqui não é apenas memorizar para reproduzir *ipsis litteris*, mas aplicar o objeto aprendido em situações diversas, criando ou reinventando sobre ele.

A respeito da memória de curto prazo e da memória de longo prazo, Lévy (1993) afirma que a memória de curto prazo (chamada de memória de trabalho) mobiliza a atenção. Uma situação em que a utilizamos é quando lemos um número de telefone e o registramos mentalmente para fazer a discagem. A repetição do número até que a ligação seja feita parece ser a melhor estratégia para retenção em curto prazo. Já a memória de longo prazo é usada quando lembramos o nosso número de telefone quando precisamos. Há a suposição de que a memória de longo prazo seja armazenada em uma rede associativa (enorme), em que os elementos constitutivos diferiam quanto ao seu conteúdo informacional e quanto à força e ao número de associações que os conectam.

Os trabalhos na área de psicologia cognitiva garantem que a estratégia chamada elaboração é a que garante retenção por mais longo tempo. A elaboração ocorre quando se fazem acréscimos à informação alvo. Ocorre conexão entre os itens a serem lembrados, ou então há conexão estes itens a ideias já adquiridas ou anteriormente formadas pelo estudante.

Segundo Lévy (1993), no pensamento cotidiano, os processos de elaboração ocorrem o tempo todo. Como acrescenta Luckesi (2011a, p. 73): "a aprendizagem não é algo dado, mas construído".

9.2 FORMAS PREFERIDAS DE APRENDIZAGEM

Smith, Godfrey e Pulsipher (2011) utilizam o acrônimo VARK para designar uma abordagem educacional que se baseia no fato de que cada pessoa tem uma forma preferida de aprendizado:

V – *Visual* (visual): aprendizado pela visão,

A – *Auditory* (auditivo): aprendizado pela audição,

R – *Reading-based* (leitura/escrita): aprendizado pela leitura/escrita,

K – *Kinesthetic* (cinestésico): aprendizado pela ação física.

Segundo esta abordagem, para os estudantes visuais, é recomendável usar diagramas, gráficos e tabelas que ilustrem o que se deseja ensinar.

Para os estudantes auditivos, é conveniente explicar-lhes o conteúdo desejado, permitindo que perguntem, interajam e entendam o conceito por meio de conversa.

Para os estudantes que aprendem com base na leitura/escrita, é mais apropriado apresentar-lhes textos com informações sobre o conceito.

Para os estudantes cinestésicos, seria mais indicado buscar formas que lhes permitam experimentar a aplicação do conceito.

Como cada pessoa é um mundo em si, com suas preferências, suas idiossincrasias, suas habilidades, suas dificuldades, o que Smith, Godfrey e Pulsipher (2011) nos apontam são algumas características predominantes, mas, é claro, somos mais complexos do que isto. E é exatamente este fato que torna o trabalho do professor, a um só tempo, difícil e apaixonante.

A partir da assimilação pelo educando do que lhe foi ensinado, é completamente imponderável o que ele pode fazer, em termos de múltiplas formas de recriação do objeto aprendido, pois a experiência humana pode ser criada e recriada de inúmeras maneiras (Luckesi, 2011a).

O desafio do professor é buscar levar sempre para o cotidiano dos estudantes o objeto aprendido, nas formas em que ele é empregado na vida. Claro, isto exige que o professor conheça a realidade do aluno.

Piletti (2000) cita três tipos de aprendizagem: 1) Aprendizagem motora ou motriz; 2) Aprendizagem cognitiva, e 3) Aprendizagem afetiva ou emocional.

A aprendizagem motora é a que ocorre por força de hábitos: vai desde habilidades motoras simples, como aprender a andar, a dirigir automóvel, até habilidades verbais (aprender a falar) e gráficas (aprender a escrever).

A aprendizagem cognitiva é a resultante da aquisição de conhecimento, seja um fato e suas interpretações, levando em conta conceitos, princípios, teorias. Envolve o processo mental de percepção, memória, juízo e/ou raciocínio. Exemplos de aprendizagens cognitivas: aprendizagem de regras gramaticais, aprendizagem de um tópico de programação de computadores.

A aprendizagem afetiva ou emocional está relacionada a sentimentos (afetividade) e emoções. Na psicologia, a afetividade é a capacidade de experimentar os fenômenos afetivos (emoções, paixões, sentimentos). A afetividade consiste na força desses fenômenos no caráter de um indivíduo, fazendo com que ele reaja facilmente aos sentimentos e às emoções.

Jean Piaget (1896-1980) e Lev Vygotsky (1896-1934) já atribuíam importância à afetividade no processo de aprendizagem. Porém, foi o educador francês Henri Wallon (1879-1962) quem defendeu estas três dimensões – motora, cognitiva e afetiva – como coexistentes e funcionando de forma integrada, para o desenvolvimento do indivíduo. O que é aprendido em uma dimensão afeta as outras.

No Capítulo 12 são apresentadas as propostas de ensino e de aprendizagem do professor Pierluigi Piazzi. Como é citado nesse Capítulo, Piazzi aponta três regras que deveriam ser adotadas nas escolas para melhorar o nível de assimilação dos estudantes: 1) fazer com que os alunos tenham atenção às explicações dos professores nas aulas, fazendo anotações, evitando conversar e usar celular, procurando entender o que o professor explica; se não entender, pedir que o professor explique novamente; 2) não estudar só próximo ao dia da prova ou, como alguns chegam a fazer, só nesse dia: estudar todo dia, como citado; 3) criar o hábito da leitura.

Segundo Piazzi, estas três regras seriam suficientes para melhorar o rendimento dos estudantes.

9.3 APRENDIZAGEM DE TIPOS DE CONTEÚDO DIFERENTES

Como citado na Seção 3.3, existem basicamente quatro tipos de conteúdos que as diferentes disciplinas normalmente apresentam: conteúdos factuais, conteúdos a respeito de conceitos e princípios, conteúdos procedimentais e conteúdos atitudinais, que requerem procedimentos e práticas específicas para sua assimilação (Zabala, 1998).

É preciso comentar que estes quatro elementos nunca se encontram separados nas estruturas de conhecimento que precisam ser assimiladas pelo estudante. Trata-se de uma construção intelectual para compreender o pensamento e o comportamento do aprendiz. Porém, em algum momento, pode haver interesse de abordar os fatos relacionados a um conteúdo a ser estudado; em outro momento, podem-se enfocar os conceitos envolvidos; em outro, a intenção pode ser cuidar de aspectos procedimentais (algoritmos) e, por fim, os aspectos atitudinais podem ser o interesse em outra circunstância. O que importa destacar é que as atividades de aprendizagem são muito diferentes, dependendo do tipo do conteúdo.

APRENDIZAGEM DE CONTEÚDOS FACTUAIS

Os conteúdos factuais são o conhecimento de fatos, de situações, de acontecimentos, de fenômenos, e de dados. Este tipo de conteúdo é explorado tradicionalmente em provas e concursos, mas, pela disponibilidade na rede, cada vez mais têm sua importância diminuída. O estudante demonstra que aprendeu dado conteúdo factual se for capaz de reproduzi-lo de forma literal, se for capaz de lembrar e expressar de maneira exata. Uma pergunta a respeito de conteúdo factual tem resposta inequívoca.

A aprendizagem deste tipo de conteúdo se dá pela repetição verbal. Se depois de algum tempo não forem feitos exercícios para forçar a lembrança, este tipo de conteúdo é facilmente esquecido (Zabala, 1998).

APRENDIZAGEM DE CONCEITOS E PRINCÍPIOS

Tipicamente, conceitos e princípios são abstrações. Conceitos se referem a fatos, objetos ou símbolos que tenham características comuns. Já os princípios se aplicam a mudanças ocorridas sobre fato, objeto ou situação em relação a outros fatos, objetos ou situações, estabelecendo-se associação de causa-efeito ou de correlação.

Sabe-se se o estudante aprendeu dado conceito não somente se for capaz de repetir sua definição, mas se sabe utilizá-lo para interpretar ou expor um fenômeno ou situação com que o conceito esteja envolvido, e quando ele for capaz de situar fatos, objetos e situações concretas relacionadas ao conceito.

A aprendizagem de conteúdos conceituais nunca pode ser considerada acabada, pois é sempre possível ampliar ou aprofundar seu conhecimento, ou torná-lo mais significativo. Além disso, o estudante pode lançar mão do processo de elaboração e de construção conceitual, levando-o para outras situações, ou para outros contextos, ou mesmo para a construção de outras ideias com que o conceito não foi relacionado antes (Zabala, 1998).

APRENDIZAGEM DE CONTEÚDOS PROCEDIMENTAIS (ALGORITMOS)

Os conteúdos procedimentais (algoritmos) incluem regras, técnicas, métodos, estratégias, procedimentos, que, por meio de ações ordenadas, levam a um fim, levam à realização de um objetivo determinado. Estes conteúdos são aprendidos por meio da realização das ações que os compõem. Portanto, é preciso executar as ações, refletindo a respeito de cada uma delas, avaliando a possibilidade de alguma simplificação. A reflexão citada passa pela revisão de possíveis conteúdos factuais e conceituais envolvidos associados ao conteúdo procedimental (algorítmico).

Da mesma forma, a análise para aplicação do conteúdo procedimental em contextos diferentes é desejável e faz parte da aprendizagem. A exercitação exaustiva em mesmo contexto não é a forma mais adequada para assimilação do conteúdo procedimental, pois a habilidade adquirida em relação a um contexto não é transferida mecanicamente para outro contexto (Zabala, 1998).

APRENDIZAGEM DE CONTEÚDOS ATITUDINAIS

Os conteúdos atitudinais podem ser sintetizados por três grupos: valores, atitudes e normas.

O primeiro grupo – valores – são princípios ou ideias éticas que permitem emitir juízo a respeito de condutas e seu significado. Exemplos de valores: solidariedade, responsabilidade, respeito, liberdade, empatia.

O segundo grupo – atitudes – são posturas previsíveis que a pessoa adota, em consonância com valores estabelecidos. Exemplos de atitudes: ajudar colega em dificuldade, cooperar com o grupo com alguma habilidade que o estudante tenha.

O terceiro grupo – normas – são regras ou regulamentos a que estão sujeitos os participantes de um grupo; estas regras estabelecem o que se pode e o que não se pode fazer.

A aprendizagem dos conteúdos atitudinais (valores, atitudes e normas) se dá pela internalização demonstrada diante de situações em que a aplicação de dado valor, dada atitude, ou dada regra é esperada, o estudante reflete a respeito do comportamento adequado, e toma a decisão correta que respeita o que está convencionado no grupo. Quando a decisão não é a esperada, cabe ao grupo fazer a indicação da ocorrência ao infrator para que reveja sua posição, ou cabe ao próprio agente infrator fazer a reflexão devida, rever e avaliar sua própria atuação em favor da melhoria da convivência (Zabala, 1998).

9.4 TÉCNICAS PARA FIXAÇÃO DA APRENDIZAGEM

A fixação da aprendizagem consiste na assimilação pelo aluno do que foi ensinado em sala, passando a incorporar ao seu repertório de conhecimentos.

Dentre as técnicas para fixação da aprendizagem, podem ser citadas (Zóboli, 2000):

a) Elaboração de exercícios: para cada aula é conveniente que o estudante faça exercícios que cubram o conteúdo abordado. Isto pode ser feito em sala ou em casa (para avaliação já na aula seguinte).

b) Recapitulação periódica: é boa prática que o professor periodicamente recapitule os assuntos abordados. É forma de fixação da aprendizagem por parte dos alunos.

c) Recapitulação diária: segundo o professor Pierluigi Piazzi esta é uma prática segura para assimilação por parte do estudante: antes de dormir, ele deve repassar os assuntos abordados em sala, revendo suas anotações da aula. Como pode ser lido no Capítulo 12, Piazzi explica que, ao repassar o que foi estudado antes de dormir, ele torna possível que as redes neurais sejam regeneradas, com a incorporação dos novos conteúdos.

d) Desenvolvimento de projetos, resolução de problemas ou elaboração de trabalhos em grupo, relacionados a assuntos abordados na disciplina, são formas de garantir a assimilação dos conteúdos tratados.

9.5 MOTIVAÇÃO PARA APRENDER

Nada funciona se o estudante não quer aprender. E ninguém pode aprender por ele. Por isso, é preciso motivá-lo. Fazer com que aprenda o que precisa aprender.

Tudo começa com a criação de ambiente favorável à aprendizagem, em que o próprio professor esteja motivado a fazer bem o seu trabalho. Sem esforço não há aprendizagem. Para haver esforço é necessário haver interesse. Ninguém se esforça sem motivo, sem reconhecer importância em mobilizar este esforço. Aí está identificado o espaço de atuação do professor – tornar clara a importância do que precisa ser aprendido – para conseguir o esforço do estudante. Ou seja, para conseguir que ele crie estímulos para si mesmo.

Existe relacionamento mútuo entre aprendizagem e motivação. Se o estudante está motivado para aprender, há mais chance de ocorrer aprendizagem; quanto mais ele aprende, mais motivado ele fica em aprender (Piletti, 2000).

9.6 TEXTOS PARA REFLEXÃO

Extraído de Furtado, A. B. "*Casos e Percepções de um Professor*". Belém: abfurtado.com.br, 2016.

9.6.1 TEXTO 1: *A MOTIVAÇÃO DOS ESTUDANTES*

Você entra na sala e olha em volta. Todos os estudantes estão atentos aos seus celulares. Todos! Que fazer? Apelar para a educação, pedir a atenção, pedir que desliguem? Esperar que tomem a iniciativa?

Você olha de novo para conferir quantos dispõem de caderno, de caneta. Ninguém! Ou um escasso estudante!

Que fazer? Você pensa: vou ser assertivo, vou procurar as palavras mais adequadas para a mensagem que pretendo passar; eles vão lembrar na próxima aula. Nada! Não lembram quase nada!

Se a aula ocorre à tarde ou à noite, um dorme aqui, outro ali. Outro procura melhor acomodação na carteira desconfortável. Alguns chegam a sentar com as costas em vez das nádegas.

Este é o cenário comum com que o professor tem de lidar.

Alguns docentes dizem que os estudantes não mostram mínimo interesse pelas disciplinas que ministram.

Fico a pensar: será que não falharam em motivar seus discentes, em demonstrar a importância dos conteúdos que ensinam para a carreira profissional dos estudantes? Será que buscaram a maneira mais compreensível de apresentar os assuntos? Será que planejaram as atividades didáticas, será que evitaram a improvisação?

É óbvio que mesmo com tudo isto os estudantes podem parecer desestimulados. O que deve levar à persistência em motivá-los. Até conseguir.

Extraído de Furtado, A. B. "Outros *Casos e Percepções*". Belém: abfurtado.com.br, 2018.

9.6.2 TEXTO 2: *PARA TER BRIO*

Um dos quatro vídeos do Youtube que tenho recomendado para meus alunos é de Clóvis de Barros Filho, professor de Ética da USP, em que ele recomenda a uma de suas turmas a leitura das três primeiras páginas de "A Fundamentação da Metafísica dos Costumes", do filósofo prussiano Immanuel Kant (1724-1804).

Ele recomenda que o aluno leia várias vezes cada parágrafo; só passe ao seguinte depois de entender bem o significado de cada frase. Por isso, ele antecipa que o estudante vai levar uma hora nas três páginas.

Segundo ele, com a leitura, o aluno vai fazer a experiência de entender um texto difícil. Se o estudante disser que não se interessa por questões filosóficas, ele provoca: é para provar que você tem brio, que consegue entender. Afinal, como alguém pode escrever algo e você não entender?

Com sua forma idiossincrática, recorrendo com frequência a palavrões, ele relata exemplos de suas dificuldades pessoais com a leitura.

No fim, ele diz que o estudante, com este esforço, prova que tem brio, que pode progredir intelectualmente, que pode aprender o que quiser sozinho.

Se não atribui a si esta tarefa e dá cabo dela integralmente, ao contrário, prova que é mais um exemplo vivo de preguiça e covardia.

Um comentário final a respeito de aprendizagem antes de introduzir a próxima parte do livro: como mostrado neste Capítulo, a aprendizagem não se limita à memorização de informações pelo estudante, mas, sobretudo, ela ocorre pela reestruturação da forma como ele compreende o mundo, com base em fundamentos mais sólidos e consistentes (Zabala et als, 2016).

A próxima parte do livro traz relato resumido com experiências de três professores: no Capítulo 10 o trabalho do professor Doug Lemov, com base em seu livro em que descreve 49 estratégias que o professor pode utilizar; no Capítulo 11 o trabalho do professor Salman Khan, com base em seu livro e no seu sítio eletrônico www.khanacademy.org; por fim, no Capítulo 12 o trabalho do professor Pierluigi Piazzi, baseado em seu vídeo no YouTube, em que ministra palestra "Aprenda a estimular a inteligência".

PARTE III – EXPERIÊNCIAS DIDÁTICAS

10. GRANDES PROFESSORES – DOUG LEMOV

Este e os próximos capítulos descrevem o trabalho de professores com significativa contribuição à didática, seja com a proposta de estratégias de ensino, seja com recursos que propiciem ganhos de aprendizagem.

Começaremos com o trabalho de Doug Lemov, intitulado *"Aula Nota 10: 49 Técnicas para ser um Professor Campeão de Audiência"*. 4ª ed. Porto Alegre: Penso, 2016.

A despeito do título claramente influenciado pelo marketing (já em inglês tem esta conotação – *"Teach like a Champion"* – "Ensine como um Campeão"), o livro contém práticas docentes interessantes, relevantes. O título em português, como se pode ver, chega a ser pior que o em inglês.

O que me despertou o interesse em procurar ler esta obra adveio do fato de ela ter tido a chancela da Fundação Lemann (fundacaolemann.org.br/), cuja missão constante de seu sítio é "colaborar com pessoas e instituições em iniciativas de grande impacto que garantam a aprendizagem de todos os alunos e formar líderes que resolvam os problemas sociais do país, levando o Brasil a um salto de desenvolvimento com equidade".

As técnicas de Lemov foram compiladas com base no contexto educacional americano para educação básica, e são fortemente influenciadas pelo pragmatismo característico do país. Por que o trazemos para este texto direcionado para o ensino superior? Algumas estratégias são gerais (estas serão descritas aqui), e podem ser aplicadas neste nível de ensino.

Premissas de que parte o autor para garantir o sucesso das estratégias propostas: o docente tenha domínio completo do conteúdo a ser ensinado, o currículo seja claro, detalhado, rigoroso, e, no trabalho pedagógico, o planejamento seja utilizado sistematicamente.

As técnicas são fruto de observação de professores de escolas *charter* – escolas públicas de gestão privada dos Estados Unidos (desde o início dos anos 1990). São técnicas passíveis de serem reproduzidas em qualquer sala de aula.

Premissas por trás das estratégias propostas por Lemov: buscar conhecer os estudantes e não abandonar ninguém; planejar para garantir bom desempenho acadêmico; estruturar as aulas de modo que todos aprendam; aproveitar todo o tempo disponível das aulas para aprendizagem; adotar com frequência instrumentos de verificação de aprendizagem (ou seja, utilizar a avaliação como parte importante do processo de aprendizagem, como citado no Capítulo 6).

Origem das estratégias: como citado, foram obtidas a partir de observações em salas de aula. A ideia básica é detectar problemas e trabalhar denodadamente para resolvê-los. Lemov sugere que isto seja feito como parte de programa de aperfeiçoamento profissional, com o qual a instituição esteja comprometida.

Alguns aspectos significativos destacados por Ilona Becskeházy e Guiomar Namo de Mello no prefácio da edição brasileira: "tudo em uma escola – inclusive o uso do tempo – deve estar a serviço do aprendizado do aluno. (...)", pois "(...) cada minuto perdido é um minuto a menos de aprendizagem" (p. 14).

A ideia defendida por Lemov é que o aluno possa aprender livremente, autonomamente, mas com encaminhamento e orientação do professor.

Lemov afirma que estudou as teorias de aprendizagem e o trabalho dos teóricos da educação, sem ter encontrado elementos que assegurassem melhores resultados na sala.

Ele sugere que o ensino seja planejado com atenção inicial nos objetivos curriculares que devem ser alcançados, depois o professor pensa na forma como estes objetivos serão avaliados; só então ele identifica as atividades propostas para garantir a aprendizagem desejada. Lemov chama esta estratégia de planejamento de "Comece pelo fim".

É imprescindível que o professor colija os dados das avaliações efetuadas depois de uma dada atividade para saber quem acertou e quem errou e, neste caso, por quê. A análise da resposta errada possibilita entender o raciocínio do estudante para, a partir daí, determinar a prática que será aplicada que leve à resposta certa.

Disciplinas que exijam um domínio de conteúdo básico ministrado em período anterior que se constate que alguns alunos não tenham, acabam por forçar que o professor determine atividade para que eles consigam esta habilidade cognitiva de "ordem inferior". Aí então eles alcançarão mais facilmente a habilidade de "ordem superior" pretendida nesta disciplina.

No livro, Lemov descreve 49 técnicas que o professor pode aplicar na sua atividade profissional na educação básica. Por suas características, nem todas podem ser trazidas para o ensino superior. Para ilustrar a natureza das técnicas deixadas de lado na descrição constante da próxima seção, listamos três técnicas: a "técnica 11 – Faça o mapa", que se refere à arrumação das carteiras na sala de aula; a "técnica 14 – Quadro = Papel", que dispõe que o estudante registre no seu caderno as anotações do professor no quadro; a "técnica 23 – Todos juntos", que propõe que a turma repita em coro a resposta a uma pergunta feita pelo professor.

Curioso que no conjunto de 49 estratégias não haja nenhuma relacionada ao uso de tecnologia digital, como computador, celular, internet. Fica o registro da lacuna aqui.

10.1 DESCRIÇÃO DE ALGUMAS DAS TÉCNICAS

Das 49 estratégias, selecionamos 21 como aplicáveis ao ensino superior. Elas cobrem aspectos como expectativas acadêmicas, planejamento, estruturação e ministração de aulas, motivação dos alunos, estabelecimento e manutenção de altas expectativas de comportamento e construção de valores e autoconfiança.

Lemov sugere cinco estratégias associadas a expectativas acadêmicas. Adotamos títulos diferentes dos apresentados no livro para as estratégias listadas.

SEM CHANCE DE NÃO APRENDER
Uma sequência de interação entre professor-aluno que comece com uma pergunta com resposta incorreta ou com "não sei", sempre que possível, deve terminar com esse aluno respondendo a pergunta com exatidão.

PRECISÃO
A estratégia determina que haja a adoção de um padrão de exatidão na aula. Respostas precisas, objetivos plenamente alcançados.

IR MAIS FUNDO
Lemov afirma que a sequência do aprendizado não acaba com a resposta certa apresentada pelo estudante. Prossiga: tendo conseguido a resposta certa, faça mais perguntas que aprofundem o conhecimento e testem a exatidão das respostas anteriores.

COMUNICAÇÃO PERFEITA
A melhor forma de expressar a resposta é o que deve ser buscado. Não basta responder de qualquer forma, mas da melhor maneira. A resposta deve ser completa, exata.

ASSUNTO CHATO
Mesmo que duvidemos se vamos conseguir, Lemov sugere persistência em procurar uma forma interessante de tratar de algum con-

teúdo aparentemente chato. Procurar analogias, exemplos, metáforas que tornem o assunto estimulante.

Cinco estratégias são relacionadas para a etapa de planejamento:

PLANEJAMENTO DO FIM PARA O INÍCIO

Para cada conteúdo a ser ensinado, o professor se questiona: qual a razão de ensiná-lo? Que se pretende obter? Qual é o encadeamento entre uma aula e a seguinte?

O planejamento de uma unidade que se desdobre em três aulas deve considerar o que a primeira aula leva para a segunda, e desta para a terceira. O encadeamento das três aulas deve garantir que, no fim, o domínio do conteúdo da unidade seja alcançado por todos os alunos.

Como citado, Lemov propõe que o professor parta do fim para o começo. Assim, os seguintes passos devem ser executados: 1) planejar a unidade; depois cada aula da unidade; 2) estabelecer um objetivo para cada aula; 3) determinar como o alcance do objetivo será avaliado; 4) selecionar a prática docente a ser adotada.

OBJETIVO DA AULA: QUATRO CRITÉRIOS

Ele estabelece quatro critérios a serem aplicados ao objetivo da aula: viabilidade, mensurabilidade, definição e prioridade para alcançar a aprendizagem do conteúdo.

OBJETIVO CLARO DA AULA

No início da aula, o seu objetivo é escrito claramente no quadro, em linguagem simples, de modo que todos possam identificá-lo, mesmo os que cheguem atrasados. No fim, será fácil saber se foi atingido ou não.

O CAMINHO MAIS CURTO PARA A EXPLICAÇÃO

Esta estratégia é aplicável para o caso em que haja várias explicações para um fenômeno, a mais simples, a mais direta é a melhor (William Ockhan *apud* Lemov [2016]).

Aliás, a estratégia sintetiza o processo de elaboração do professor da forma como vai abordar um dado assunto; cabe a pergunta: como posso explicar este tópico da forma mais simples possível, que seja compreensível para todos os alunos? Que exemplos empregar na explicação? Que metáforas são aplicáveis para tornar o assunto mais claro?

PLANEJAMENTO EM DOBRO

A improvisação só é aceitável quando eventos incontroláveis tiverem ocorrido, sem que providências contingenciais pudessem ter sido previstas.

Esta estratégia estabelece que o planejamento do que os alunos vão fazer em cada etapa da aula deve ser determinado minuciosamente, da mesma forma que o professor planeja detalhadamente o que vai fazer e dizer.

Das dez estratégias para estruturação e ministração das aulas, selecionamos as três seguintes:

MOVIMENTAÇÃO EM SALA
Em situações de tarefas em execução em sala, circule pela sala para engajar todos os alunos no trabalho.

REPETIÇÃO
Sempre que possível, recapitular um assunto tratado se for necessário para o que for abordado na aula. Uma das melhores maneiras de recapitular um conceito já ensinado é dividir uma ideia complexa em várias partes para abordar o que não foi compreendido pelos alunos, ou para simples rememoração.

É fato que os estudantes aprendem em ritmos diferentes: cada um tem o seu ritmo. Isto precisa ser reconhecido pelo professor. Nem todos os alunos aprenderão um dado conteúdo na primeira vez; para alguns a aprendizagem só ocorre depois que eles veem o assunto várias vezes.

Múltiplas variações de apresentação de um assunto devem ser feitas; perguntas com formatos diferentes exigem cognição e colocam à prova a aprendizagem de um dado conteúdo.

Uma questão frequente que se apresenta na sala é a percepção de que somente uma parte da turma compreendeu um dado assunto. Que fazer então? Duas alternativas haveria aqui: o professor atribui problemas adicionais para os que entenderam, enquanto cuida daqueles que não assimilaram o assunto; alternativamente, o professor pode lançar questão semelhante, pedindo que duplas formadas por um aluno que entendeu e outro que não entendeu tratem a questão.

MÉTRICA – PROPORÇÃO
Lemov sugere que o professor calcule (e controle) o porcentual de trabalho cognitivo que os alunos fazem durante cada aula – este valor deve ser o máximo possível. Este esforço envolve atividades que exijam escrita, pensamento, análise, fala para responder perguntas, argumentação e contra-argumentação. Ele chama esta estratégia de proporção – a proporção de esforço cognitivo desenvolvido na aula.

Das seis estratégias para motivar os alunos, selecionamos a seguinte:

DE SURPRESA
Com esta estratégia, considerando-se que foi criado ambiente propício à aprendizagem em que todos se sintam bem, a expectativa

de ser chamado a participar da aula é geral. Não somente os mesmos sejam escolhidos; é preciso que haja rodízio na participação.

As oito estratégias relacionadas à criação de forte cultura escolar foram omitidas pelas razões expostas. Das sete estratégias listadas para estabelecer e manter altas expectativas de comportamento, descrevemos as quatro seguintes:

PADRÃO 100%
Esta estratégia estabelece que o objetivo da porcentagem de resposta dos estudantes a uma atividade seja 100%. Menos do que isto significa que há por fazer em termos de motivação, ou então alguma circunstância atípica ocorreu e precisa ser considerada.

CLAREZA NA ORIENTAÇÃO
No momento de definir tarefas, clareza é essencial. Isto evita perda de tempo depois com retrabalho. É mais proveitoso dispensar alguns minutos a mais ao passar as orientações, comunicando-se clara e precisamente, esclarecendo possíveis dúvidas existentes, do que fazê-lo superficialmente, acarretando a necessidade de refazer trabalhos por entendimento incorreto ou ter que conceder mais tempo para tarefa não realizada em razão disto.

INTERAÇÃO ATÉ A PERFEIÇÃO
Quando uma tarefa não é completada com sucesso, é conveniente que seja refeita até que seja concluída em nível aceitável. Às vezes, em razão de procrastinação, tarefas são entregues incompletas ou em nível aquém do aceitável; nestes casos, novos prazos são estabelecidos para submissão da tarefa como solicitada.

ATENÇÃO AOS DETALHES
Na explicação desta estratégia, Lemov lembra a teoria de política pública chamada "tolerância zero", pela qual se procura ter atenção a coisas, às vezes, relevadas, como manter os espaços públicos

livres de grafites, com pintura renovada dos prédios, substituição de lâmpadas queimadas e de vidraças quebradas, e até mesmo o combate a pequenos delitos como fazer necessidade na rua, jogar lixo fora da lixeira. A aplicação desta política em vários lugares já mostrou ser benéfica para a comunidade, pois transmite a sensação de organização, de ordem, de segurança, e faz com que as pessoas procurem manter o ambiente sem degradação.

A teoria da "tolerância zero" pode ser trazida para as atividades de sala de aula: tanto com a manutenção da própria sala (lâmpadas, carteiras, vidraças, equipamentos, limpeza), como também na execução de atividades com observância de padrões estabelecidos.

Das sete estratégias associadas à construção de valores e autoconfiança, selecionamos as três seguintes:

ELOGIO PRECISO
Não há quem não goste de ter seu trabalho reconhecido. Esta estratégia destina-se a elogiar postura, comportamento, atitude, sempre que possível. Quando for o caso de crítica, expressá-la com suavidade em particular.

ENERGIA, ENTUSIASMO, BOM HUMOR
Lemov relaciona alguns valores bem-vindos para a criação de ambiente favorável à aprendizagem: demonstrar energia e entusiasmo pelo trabalho docente; apresentar bom humor; quando possível, ensinar com diversão.

ERRAR FAZ PARTE
Lemov afirma que o erro seguido de correção e instrução é o processo fundamental de aprendizagem. Diante de acerto e de erro, a reação é de naturalidade. O erro leva ao acerto.

10.2 QUESTÕES

1) Dentre as estratégias propostas por Lemov, liste aquelas que você pretende incorporar no seu elenco de abordagens, para tornar seu trabalho mais profícuo em termos de aprendizagem de seus alunos.

2) Que estratégia(s) você incluiria na lista apresentada neste livro.

10.3 TEXTO PARA REFLEXÃO: *PROFESSOR BRILHANTE*

Extraído de Furtado, A. B. *"Um Pouco da Minha Vida: Novos Casos e Percepções"*. Belém: abfurtado.com.br, 2018b.

Tive alguns professores brilhantes. Um deles foi o professor Rubens Nascimento Melo (pesquisador pioneiro na área de Banco de Dados, Computação Gráfica e Interação Humano-computador), na Pontifícia Universidade Católica do Rio de Janeiro, onde cursei o mestrado em Informática no período 1982-1983. O professor Rubens, ainda hoje atuante como professor associado da PUC/RJ, tem uma particularidade que nos aproxima: é paraense; sempre atendia os convites para seminários em Belém.

Em várias ocasiões me surpreendi com a clareza com que ele expunha determinados assuntos de meu domínio, mas que eu não tinha a mestria de tornar simples, convincentes, quando os apresentava. Ele os abordava com uma analogia, com uma metáfora, com um exemplo, às vezes, até mesmo com um encadeamento de conceitos que tornava tudo de clareza solar. Depois de suas aulas, houve várias ocasiões em que me perguntei: como não pensei nisso? Lembrando minhas aulas: como não encadeei os assuntos dessa forma? E por que não utilizei esta analogia simplificadora?

Suas aulas lá no mestrado não eram tão frequentes, dadas as frequentes viagens para atender palestras pelo Brasil e mesmo no exterior. Em razão disso, ele sempre iniciava as aulas como se estivesse começando tudo de novo. Repassava as aulas anteriores em breves pinceladas até chegar ao ponto que desejava tratar. Até aí a marca do didata intuitivo (se é que era intuitivo – pois certamente havia intencionalidade no que ele fazia) ao reconhecer que a repetição, de certa forma, fortalece a aprendi-

zagem *(isto havia sido proposto por Edward Lee Thorndike [1874-1949, psicólogo educacional americano] no conexionismo; depois o próprio Thorndike rejeitou a repetição como prática educacional [1]).*

Repassando duas ou três vezes os tópicos já tratados da ementa, o professor Rubens assegurava que as ligações neurais se fortalecessem de forma duradoura.

[1] Lefrançois, Guy R. *"Teorias da Aprendizagem".* São Paulo: Cengage Learning, 2015.

11. GRANDES PROFESSORES – SALMAN KHAN

Salman Amin Khan – educador americano, matemático, cientista de computação, (1976-), é o criador da Khan Academy (khanacademy.org), plataforma online de educação livre, sem publicidade. Disponibiliza mais de 4500 vídeoaulas, com aproximadamente 10 min cada, preparadas para serem vistas no computador. O conteúdo mais abrangente das aulas é de matemática (vai desde a educação básica até o ensino superior), mas passa por física, química, engenharia, biologia, história e várias outras áreas.

A proposta de trabalho de Khan encontra-se explicitada no início do capítulo introdutório de seu livro "Um mundo, uma escola: a educação reinventada", Rio de Janeiro: Intrínseca, 2013. Ele se propõe a oferecer "educação gratuita de nível internacional para qualquer um, em qualquer lugar" (p. 9).

O trabalho de Khan iniciou em 2004, para atender uma prima que lhe pediu ajuda em seus estudos de matemática do ensino fundamental; como ela morava em Nova Orleans e ele em Boston, ele preparava vídeos e os postava no YouTube; fazia a complementação da aula para ela pelo celular. A prima o dispensou do uso do celular, atestando que conseguia aprender pelo YouTube. Cinco anos depois, já com milhares de seguidores, Khan passou a dedicar-se integralmente à consolidação de sua plataforma. Seu objetivo é oferecer conhecimento a respeito de tudo, de graça (Weinberg, 2012). O trabalho de Khan possibilita a "sala de aula invertida", em que o conteúdo é visto pelo aluno em casa e a aula é reservada para complementação do conteúdo, exercícios, elucidação de dúvidas, por exemplo.

Dentre as áreas cobertas pelas vídeoaulas (em inglês): Matemática, Ciência & Engenharia (Física, Química, Biologia, Cosmologia e Astronomia, Química Orgânica, Saúde & Medicina, Engenharia Elétrica), Computação (Programação, Ciência da computação,

Animação computacional), Artes & Humanidades (História Mundial, História dos Estados Unidos, História da Arte, Gramática da língua inglesa), Economia & Finanças (Microeconomia, Macroeconomia, Finanças & Mercado de Capitais, Empreendedorismo) e Preparatório para testes (SAT, MCAT, e outros).

A parte de Matemática abrange: Matemática Inicial, Aritmética e Pré-álgebra, Álgebra, Geometria, Trigonometria, Pré-cálculo, Cálculo, Cálculo multivariável, Probabilidade e Estatística, Equações Diferenciais, Álgebra Linear.

A Fundação Lemann[31] disponibiliza parte das vídeoaulas de Khan dubladas para o português. São mais de 400 vídeoaulas disponíveis. A plataforma atual permite que estudantes de pré-escolar à 9ª do Ensino Fundamental, até tópicos abordados no ensino superior, assistam aos vídeos de matemática (e de outras áreas) e façam os exercícios propostos. A interação de cada estudante é registrada e enviada ao professor em tempo real, permitindo-lhe saber o nível de aprendizado da turma e, em especial, permitindo que ele cuide dos estudantes que apresentarem dificuldades registradas por ocasião da interação com a plataforma.

As vídeoaulas em português abrangem: Matemática (Fundamentos de Matemática, Aritmética, Álgebra I, Geometria, Trigonometria, Probabilidade e Estatística, Cálculo, Equações Diferenciais, Álgebra Linear), Ciências e Engenharia (Física, Química, Biologia, Saúde e Medicina, Engenharia Elétrica), Economia e Finanças (Microeconomia, Macroeconomia, Mercado Financeiro e de Capitais), Computação (Programação, Ciência da Computação, Hora do Código, Animação Digital), Desafio (Jogos do Conhecimento).

---

[31] fundacaolemann.org.br/khan-academy/

11.1 PILARES DA ABORDAGEM DE KHAN

As videoaulas da plataforma de Khan apoiam-se em alguns pilares (Weinberg, 2012):

1) Simplicidade: ele recorre a desenhos e gráficos no quadro-negro para tornar mais compreensível tópicos mais abstratos;

2) Exemplos: ele ilustra os assuntos abordados por meio de vários exemplos simples;

3) Concisão: os vídeos têm duração média de 10 min; o assunto é apresentado de forma concisa para caber neste tempo;

4) Avanço seguro: como bom didata, Khan busca ordenar adequadamente a sequência de assuntos para garantir compreensão;

5) Exercícios: exercícios são propostos para o estudante adquirir domínio do assunto tratado; um conceito relevante para Khan é a aprendizagem para o domínio ("mastery learning"), que possibilita que os alunos compreendam bem um dado conceito antes de passar para outro mais avançado (Khan, 2013); ele enfatiza a preocupação com o fluxo de um assunto – a cadeia de associações que relacionam um conceito com o próximo que formam um assunto – com os outros assuntos. Sempre que possível, deve-se dar ao aprendiz um quadro visual que mostre a conexão entre os assuntos, de modo que ele saiba onde está e para aonde vai.

6) Ritmos diferentes: como cada estudante tem seu tempo de assimilação de dado assunto, isto é garantido nas aulas; as videoaulas possibilitam que cada um siga seu ritmo de aprendizagem, o que não se dá, às vezes, na sala de aula;

7) Meritocracia: lançando mão de ideia presente nos games, etapas são propostas para o aprendiz seguir desde estágio inicial até o estágio final.

Outro ponto destacado por Khan é a responsabilidade individual. O aprendizado se torna possível quando o aluno assume a responsabilidade que lhe cabe. E outro fato: cada aluno é singular, e carrega a responsabilidade pessoal pela forma como se dará a sua compreensão do assunto abordado. Os alunos são chamados à proatividade, procurando identificar as próprias dificuldades, e buscando maneiras de eliminá-las.

11.2 OUTROS ASPECTOS DA ABORDAGEM DE KHAN

A portabilidade das videoaulas é estímulo para a aprendizagem ativa, automotivada, útil em qualquer lugar e tempo. O estudante beneficia-se com este recurso, pois havendo necessidade, todas as aulas encontram-se disponíveis a hora em que ele precisa; se quiser avançar, antecipando-se ao que será estudado em sala, pode fazê-lo. O ritmo da aprendizagem é determinado por ele.

Um fato que não é levado em conta em todas as áreas de conhecimento, mas deveria sê-lo: os conceitos se relacionam de alguma forma. No caso da matemática, a álgebra exige o domínio da aritmética. O conhecimento da geometria abre espaço para a trigonometria. A aprendizagem de cálculo e de física exige o domínio de todos estes conhecimentos. Essa é a razão por que Khan defende que a aprendizagem não pode ser parcial, algo na casa de 75% ou 80%; o objetivo a perseguir é 100%. Não menos que isto.

Uma ocorrência frequente na atuação do professor é perceber lacunas ou lapsos no aprendizado do aluno. Quando isto é observado, é conveniente que ele faça revisão dos conceitos envolvidos – a repetição é parte fundamental da aprendizagem, por permitir o fortalecimento dos caminhos neurais (Khan, 2013).

Khan menciona o problema de que as matérias são desdobradas em disciplinas. Para tomar um exemplo dos cursos de computação: a existência de disciplinas como "Cálculo Diferencial e Integral", "Álgebra Linear" e "Topologia", por exemplo, sugere algo ilusório: que os tópicos não tenham relação. Isto é um erro. Onde as disciplinas são ministradas com integração dos esforços dos três professores? Cabe à coordenação dos cursos fazer gestões para que projetos integrados sejam desenvolvidos pelos alunos com a participação dos professores envolvidos. Infelizmente isto raramente ocorre.

A desconexão de tópicos do currículo acadêmico com problemas do mundo real é apontada como uma deficiência a ser superada. Ao abordar os assuntos da ementa da disciplina, o professor faz a associação com problemas do cotidiano. Esta é uma forma de destacar a importância do tópico tratado, garantindo a motivação devida para sua aprendizagem pelo aluno.

Abordagens pedagógicas recentes estabelecem que uma perspectiva de abordar conteúdos a partir de problemas trazidos da realidade ambiental dos alunos. É o que ocorre, por exemplo, na estratégia de ensino chamada modelagem matemática. A abordagem tradicional de ensino estabelece: apresentar conceito – mostrar um exemplo – fazer exercícios que envolvam a aplicação do conceito. Abordagem alternativa que subverte estes passos começa com a identificação de problemas a serem solucionados; a partir do problema, tenta-se formular modelo matemático que o solucione; isto envolve estudar detidamente o problema atrás de encontrar este modelo. Observe que os passos são invertidos: chega-se ao conceito como última etapa do processo. Esta é a forma como o profissional normalmente atua: a partir de um problema que precisa resolver, ele trabalha para encontrar uma forma de modelá-lo; quando encontra o modelo apropriado, ele valida este modelo, confirmando se resolve todos os casos existentes; se não resolve, o trabalho prossegue até que chegue ao modelo desejado.

O trabalho docente requer grande dedicação. Os exercícios de fixação que forem passados para os alunos, devem ser corrigidos pelo professor.

Khan menciona importância da proporção aluno/professor. Quanto menos alunos por professor, melhor: mais atenção cada aluno recebe. Ele aponta como mais importante a proporção aluno/tempo de interação com o professor. O estudante aprende sozinho, mas a probabilidade maior é que aprenda como resultado da interação com o professor.

Khan sugere que haja variedade nas abordagens utilizadas pelos professores. Em certos contextos, ele recomenda aulas expositivas com vídeos de apoio; diálogos ao vivo em outros. A prática de elaboração de projetos, enfocando problemas do mundo real. Sempre que for possível, soluções específicas e individuais podem ser utilizadas. Para que isso seja eficaz, o professor se vale da interação que deve estabelecer com os alunos, que lhe permita perceber as habilidades que determinados alunos precisam desenvolver. Portanto, sempre que dispuser de condições é conveniente trabalhar para dado aluno em particular, no que se constate seja uma competência que precisa ser melhorada por ele. É óbvio que esta atenção individualizada é dificultada no caso de turmas grandes. No entanto, com os recursos disponíveis, o professor deve buscar meios de superar estes obstáculos, e possibilitar interação individualizada.

No que tange às avaliações, Khan recomenda que o professor "ensine o que será avaliado, avalie o que provavelmente foi ensinado" (p. 167). A incerteza colocada aqui decorre do fato de que nem tudo que é ensinado é aprendido. Só a avaliação às vezes possibilita determinar que o que foi ensinado precisa ser ministrado de novo, de outra forma, porque a anterior não foi eficaz.

11.3 TEXTO PARA REFLEXÃO: *DESISTÊNCIA DA CARREIRA DOCENTE*

Extraído de FURTADO, A. B. *"Casos e Percepções de um Professor"*. Belém: abfurtado.com.br, 2016.

Um colega me falou que estava pensando em desistir da carreira docente. Motivo? Alguns (poucos) estudantes o tinham criticado duramente como professor.

Tentei demovê-lo dizendo que ele jamais conseguiria unanimidade. Por maior que fosse seu esforço e talento, sempre haveria insatisfeitos numa turma. Ele deveria envidar empenho para que os descontentes fossem minoria. Isto buscado naturalmente, sem quaisquer açodamentos.

12. GRANDES PROFESSORES – PIERLUIGI PIAZZI[32]

O texto a seguir foi produzido a partir do vídeo de Pierluigi Piazzi, intitulado "Aprenda a estimular a inteligência" (Piazzi, 2013). É um dos quatro vídeos do YouTube indicados pelo autor para seus alunos. Trata de como estudar com melhor rendimento. Vale para estudantes de todos os níveis de ensino.

Pierluigi Piazzi era italiano (1943-2015), químico, radicado em São Paulo. Notabilizou-se como professor de cursinho de vestibular. Publicou nove livros, dentre os quais uma série de quatro volumes com os títulos "Aprendendo Inteligência", "Estimulando Inteligência", "Ensinando Inteligência" e "Inteligência em Concursos", e com subtítulo comum "Manual de instruções do cérebro", complementado, respectivamente, com uma das opções: para estudantes em geral (volume 1), para seu filho (volume 2), para seu aluno (volume 3) e para *concurseiros* e vestibulandos (volume 4).

Segundo ele, para haver maior aprendizagem, o discente assiste às aulas na turma (em geral de forma passiva) e depois, no mesmo dia, sozinho, ele repassa o que foi abordado na aula. Para ele, há dois papéis distintos do discente aí: o aluno e o estudante. Na sala de aula, como aluno (membro de uma turma), ele procura entender os assuntos abordados pelo professor; em casa (ou mesmo na escola de período integral), como estudante, solitariamente, ele revê os pontos tratados, faz exercícios, faz anotações.

Piazzi destaca que estudar é escrever, com lápis ou caneta; não é digitar, não é sublinhar texto. Que informações o estudante deve anotar? Rindo, o professor diz que ele deveria anotar o que achasse necessário se estivesse preparando uma cola.

---

[32] Este texto foi extraído (com adaptações) de Furtado (2018a).

Portanto, para melhorar a aprendizagem, ele recomenda que se aumente o número de horas de estudo, e não o número horas de aulas.

Ele comenta que nos países com os melhores rendimentos no PISA (como a Finlândia), a escola é em período integral, havendo aulas pela manhã; a tarde é reservada para atividades esportivas e para o estudo individual, em que os estudantes repassam os pontos abordados nas aulas e fazem as tarefas reservadas para casa.

Para justificar por que o estudo dos pontos das aulas teria que ser reforçado no mesmo dia antes de dormir, ele recorre a explicações acerca do funcionamento do cérebro. A regeneração das redes neurais do indivíduo ocorre durante períodos do sono. Se houver registros fortes dos conhecimentos assimilados no dia, estes passarão a compor sua rede neural, com o armazenamento em caráter permanente no córtex cerebral. Os registros fracos (aqueles que não foram reforçados por meio de anotações durante o estudo) que ficam no sistema límbico (temporariamente) não serão repassados para a rede neural, perdendo-se em um ou dois dias.

Ele utiliza a seguinte metáfora: a aprendizagem é uma escada enorme. Sobe-se um degrau em cada dia, ou seja, aprende-se pouco em cada dia. Por isso, ele diz que um dia perdido nunca mais será recuperado.

12.1 PONTOS PARA MELHORIA DO RENDIMENTO

Piazzi aponta três regras que deveriam ser adotadas para melhoria do rendimento escolar ou acadêmico:

1) fazer com que os alunos tenham atenção às explicações dos professores nas aulas, fazendo anotações, evitando conversar e usar celular, procurando entender o que o professor explica; se não entender, pedir que o professor explique novamente;

2) não estudar só próximo ao dia da prova ou nesse dia: estudar todo dia, como citado;

3) criar o hábito da leitura.

O segundo ponto acima – estudar para a prova – é mal generalizado. Os discentes não estudam todo dia, como recomendado pelo professor Piazzi. Eles deixam para estudar no dia da prova, quando estudam. Como apontado, explica-se o baixo rendimento do aprendizado.

O terceiro ponto – hábito da leitura – é elemento reforçador da aprendizagem, com efeito de melhoria na escrita, na assimilação de conhecimentos, na habilidade da argumentação, na autonomia (autoaprendizagem) do discente.

Estes três pontos seriam suficientes para melhorar o nível de aprendizagem dos alunos.

12.2 MÁXIMA DE PIAZZI

Associado ao primeiro ponto acima, Piazzi apresenta a sua máxima: "aula dada, aula estudada; hoje!". Ele quer dizer: se o estudante tem aulas pela manhã, então à tarde ou à noite ele deveria repassar o que foi abordado em sala, com base em suas anotações. Se ele estuda à noite, então, antes de dormir, ele deve repassar suas anotações. Só então deveria dormir. Segundo Piazzi, com esta rotina, o discente beneficia-se com a regeneração de suas redes neurais com o conhecimento estudado no dia, ocorridas durante o sono.

12.3 IMPORTÂNCIA DA LEITURA

Um dos pontos destacados nas ideias de Piazzi para melhoria do rendimento geral dos estudantes é a leitura – e como hábito a desenvolver para levar para a vida.

Para criar o hábito, ele recomenda que o aluno procure encontrar livros com assuntos que despertem seu interesse. Não adianta indicar, por exemplo, Dom Casmurro, de Machado de Assis. Não dá para começar com a leitura de um clássico. Para isso, ele recomenda que o estudante pegue livros na biblioteca, vários. Se, ao iniciar a leitura de um, a obra não lhe motivar a continuar, ele sugere que o aluno o abandone e pegue outro. Assim, vai fazendo até que encontre os assuntos ou os autores que lhe motivem a ler.

Em outra nota deste livro, mencionei que o método de estudo que tenho adotado ao longo da vida se aproxima do proposto pelo professor Piazzi. Ao ver seu vídeo, encontrei explicações coerentes para a efetividade do método que eu próprio utilizo para aprender, sem esquecer.

12.4 TEXTO PARA REFLEXÃO: *70% DE REPROVAÇÃO*

Extraído de FURTADO, A. B. *"Casos e Percepções de um Professor"*. Belém: abfurtado.com.br, 2016.

Já ouvi alguém dizer que a disciplina Cálculo I não terá sido ministrada corretamente se, no fim, não resultar em somente 30% de aprovações. Disparate semelhante também já foi dito a respeito do ensino de Algoritmos.

Absurdo! Completa inversão! Reprovação não deve ser objetivo. Aprendizagem, sim.

A TÍTULO DE CONCLUSÃO

Não é bem uma conclusão o que está aqui. Mas é como se fosse. Como este é um livro para professores, a sugestão é de apontar para o futuro, para o porvir.

Não é permitido ignorar o passado, mas também não é certo ficar aprisionado no presente, sem olhar para o futuro. O que isto significa? O professor deve ficar atento à fronteira do conhecimento na área em que atua. Para quê? Para não deixar de alertar seus alunos a respeito do que está por vir.

Olhar para o futuro! Esta é a orientação com que estas conclusões foram escritas.

Vimos que as grandes organizações (de quaisquer áreas) determinam suas ações do presente em vista de seus planos de desenvolvimento institucional (ou planos estratégicos) que têm horizonte de dez, quinze, vinte anos.

No que toca ao docente, cabe-lhe atenção ao plano no âmbito da sua unidade de trabalho. No que tange à sua área de atuação (aqui a área de Psicologia é o interesse), cabe-lhe perscrutar o que aponta o futuro. Uma forma de fazer isto é procurando identificar tendências: a partir delas, buscar fazer extrapolações atrás de uma concepção de futuro imaginável (Pressman & Maxim, 2016).

Pressman & Maxim (2016) descrevem um ciclo de vida da inovação útil para identificar em que estágio se encontra dada tecnologia. Descoberto esse estágio, pode-se vislumbrar o que ainda há pela frente até sua consolidação (se vier a acontecer; antes ela pode até ser abandonada completamente).

O primeiro estágio é a fase de avanço: um problema foi identificado; desperta o interesse de vários grupos em resolvê-lo, pelo potencial de retorno que pode proporcionar; alguém consegue a dianteira, e lança uma possível solução. O estágio seguinte é a fase de replicação: o trabalho inicial é reproduzido. A fase seguinte é a do empirismo: a utilização extensiva da tecnologia possibilita que regras sejam estabelecidas para o uso adequado da tecnologia. Da fase do empirismo chega-se à da teoria: o sucesso replicado já permite a formulação de uma teoria de uso mais amplo; ao mesmo tempo, ferramentas automatizadas de apoio para medição e controle são desenvolvidas. O estágio que segue a formulação da teoria é a fase de automação, com a consolidação das ferramentas automatizadas. Quando não há mais ferramentas de apoio a desenvolver, ou as mais importantes já foram desenvolvidas, chegou-se ao último estágio – a fase de maturidade da tecnologia. Permanece aí até que se torne obsoleta (e caia em desuso), ou não seja mais necessária. Talvez não chegue ao estágio de maturidade, sendo descartada bem antes (Pressman & Maxim, 2016).

Agora, uma pergunta que o psicólogo pode fazer-se, como reflexão antes de iniciar sua jornada diária de trabalho: dado o que se pode vislumbrar hoje, e considerando projeções ou tendências publicadas, que problema ou que classe de problemas a área precisa lidar no futuro próximo? Se houver resposta à questão, é hora de iniciar a tentativa de solução.

Quais são os temas atuais que se encontram na pauta da área da Psicologia sobre os quais o docente ou o estudante deve debruçar-se para permanecer atualizado? Aqui fica a sugestão de buscar-se resposta a esta questão e, depois, procurar estudar adequadamente estes temas.

Para arremate, uma pergunta: por que falar em futuro em livro cujo objetivo foi reunir elementos de Didática da Psicologia? Os assuntos que serão ensinados em futuro próximo são estes, ou estarão no entorno destes. O professor de disciplinas de um curso de Psicologia precisa conhecê-los bem com antecedência, até para conseguir domínio profundo; como mencionado desde a apresentação do livro e ao longo de seu corpo, só o conhecimento não é suficiente para ensinar um tópico (lembrando a frase parodiada com base em D'Amore: "para ensinar uma disciplina do curso de Psicologia não basta conhecer esta disciplina"), pois há a exigência do domínio da didática, mas é necessário conhecer os assuntos profundamente.

Como abordado neste livro, a Didática valoriza o planejamento do ensino, sua administração efetiva, o acompanhamento das atividades didáticas, a interação professor-aluno, o despertar da motivação dos estudantes, a atenção aos processos de aprendizagem e a escolha adequada dos métodos ou práticas de ensino em face de habilidades e competências que precisam ser desenvolvidas ou aprimoradas. Com isto tudo levado em conta, o professor fez bem seu trabalho; cabe ao estudante complementá-lo com a assimilação esperada.

Com meus agradecimentos pelo leitor ter chegado até aqui. São bem-vindas críticas, sugestões e comentários acerca desta obra enviados para abf@ufpa.br.

REFERÊNCIAS

ALONÇO, A. F. *Plano de Aula: Combinatória*. In: "Nova Escola" edição especial no. 35 Planos de Aula 2 – Matemática. Janeiro/2011; p. 46-47.

ANDERSON, C. *TED Talks: o Guia Oficial do TED para falar em público*. Rio de Janeiro: Intrínseca, 2016.

ANDRADE, D. F.; TAVARES, H. R.; VALLE, R. C. *Teoria da Resposta ao Item: Conceitos e Aplicações*. São Paulo: Associação Brasileira de Estatística, 2000.

AREA, M. *Vinte Anos de Políticas Institucionais para Incorporar as Tecnologias da Informação e Comunicação ao Sistema Escolar*. In: SANCHO, J. M.; HERNÁNDEZ, F. *Tecnologias para Transformar a Educação*. Porto Alegre: Artmed, 2006.

BRASIL. Secretaria de Educação Fundamental/MEC. *Parâmetros Curriculares Nacionais: Introdução aos Parâmetros Curriculares Nacionais*. Vol. I. Brasília: MEC/SEF, 1997.

BRASIL. Secretaria de Educação Fundamental/MEC. *Parâmetros Curriculares Nacionais: Matemática*. Brasília: MEC/SEF, 1998.

BRASIL. Secretaria de Educação Fundamental. *Parâmetros Curriculares Nacionais: Ciências Naturais*. Vol. 4. 2ª ed. Rio de Janeiro: DP&A, 2000.

BRITO, A. S. *O Uso das Moedas e os Decimais*. In: "Nova Escola" edição especial no. 35 Planos de Aula 2 – Matemática. Janeiro/2011; p. 42-43.

CAMPOS, L. S.; ARAÚJO, M. S. T. *Articulações entre o Ensino de Matemática e de Física*. In: Encontro Nacional de Pesquisa em Educação em Ciências, 8., [Anais], Campinas, 2011.

CARR, N. *IT Doesn't Matter*. In: Harvard Business Review. 2004.

CARVALHO, D. L. de. *Metodologia do Ensino da Matemática*. 2ª ed. São Paulo: Cortez, 1994 (Coleção Magistério 2° Grau. Série formação do professor).

CARVALHO, F. C. A. & IVANOFF, G. B. *Tecnologias que educam: ensinar e aprender com tecnologias da informação e comunicação*. São Paulo: Pearson Prentice Hall, 2010.

COSTA, R. *A Escola de 2014, 2016 e 2018*. In: Revista IstoÉ. No. 1544, p. 66-69.

D'AMORE, B. *Elementos de Didática da Matemática*. São Paulo: Livraria da Física, 2007.

DEMO, P. *Ser professor é cuidar que o aluno aprenda*. 6ª ed. Porto Alegre: Mediação, 2004.

DEMO, P. *Educação Hoje: "Novas" Tecnologias, Pressões e Oportunidades*. São Paulo: Atlas. 2008.

DEMO, P. *Desafios Modernos da Educação*. 15ª ed. Petrópolis: Vozes, 2009a.

DEMO, P. *Ser Professor é Cuidar que o Aluno Aprenda*. 6ª ed. Porto Alegre: Mediação, 2009b.

DEMO, P. *Ser Professor é cuidar que o aluno aprenda*. 8ª ed. Porto Alegre: Mediação, 2011.

DEPRESBITERIS, L. *Avaliação de Aprendizagem – Revendo Conceitos e Posições*. In: Sousa, C. P. de. (org.). Avaliação do Rendimento Escolar. 2ª ed. Campinas: Papirus, 1993. (Coleção Magistério: Formação e trabalho pedagógico).

DIMAGGIO, H. et als. *Social Implications of the Internet*. In: Annual Review of Sociology, n. 27, p. 307-336, 2001.

DUARTE, N. *Vygotsky e o "aprender a aprender": crítica às apropriações neoliberais e pós-modernas da teoria vigotskiana*. Campinas: Autores Associados, 2000.

DUARTE, N. *Sociedade do Conhecimento ou Sociedade das Ilusões?* Campinas: Autores Associados, 2003.

DWYER, T.; WAINER, J.; DUTRA, R. S.; et als. *Desvendando Mitos: os Computadores e o Desempenho no Sistema Escolar*. Educ. Soc. Campinas, vol. 28, n. 101, p. 103-1328, set./dez. 2007. Disponível em: <HTTP://www.cedes.unicamp.br>. Acesso em 20/3/2010.

FERRARI, M. B. F. *Skinner, o Cientista do Comportamento e do Aprendizado*. 2008. Disponível em: https://novaescola.org.br/conteudo/1917/b-f-skinner-o-cientista-do-comportamento-e-do-aprendizado. Acesso em 23/05/2018.

FERREIRA, A. B. H. *Novo Dicionário Aurélio*. Rio de Janeiro: Nova Fronteira, 1975.
FIGUEIREDO, R. S. de. *Ensino: sua técnica, sua arte*. 7ª ed. Rio de Janeiro: Lidador, 1969.
FRANÇA, M. do S. L. M.; FARIAS, I. M. S.; LIMA, I. P. de. *Didática Geral: Noções Básicas para o Professor de Física*. Fortaleza: SEAD/UECE, 2013.
FURTADO, A. B.; COSTA JÚNIOR, J. V. *Prática de Análise e Projeto de Sistemas*. Belém: abfurtado.com.br, 2010.
FURTADO, A. B. *Modelagem Matemática e Outras Tendências em Educação Matemática (minicurso)*. Anais do IV EPAMM – Encontro Paraense de Modelagem Matemática. Castanhal (PA): GEMM/Faculdade de Matemática/Campus de Castanhal – UFPA, ISSN 1982-8691, 2012.
FURTADO, A. B. *Avaliação do Uso de Tecnologias Digitais no Apoio ao Processo de Modelagem Matemática*. 2014. 186f. Tese (Doutorado em Educação Matemática) – Instituto de Educação Matemática e Científica – Universidade Federal do Pará, Belém.
FURTADO, A. B. & SILVA NETO, M. J. da. *Tópicos de Modelagem Matemática*. Belém: abfurtado.com.br, 2016.
FURTADO, A. B. *Casos e Percepções de um Professor*. Belém: abfurtado.com.br, 2016.
FURTADO, A. B. *Novos Casos e Percepções*. Belém: abfurtado.com.br, 2018a.
FURTADO, A. B. *Um Pouco da Minha Vida: Novos Casos e Percepções*. Belém: abfurtado.com.br, 2018b.
GARCIA, R. L. *Um currículo a favor dos alunos das classes populares*. In: Cadernos CEDES. São Paulo: Cortez, p. 45-52, 1984.
GOMES, P. *Game de Matemática chegará a 500 mil alunos*. São Paulo: O Estado de São Paulo, Portal Porvir, 13/12/2012.
GÓMEZ, A. P. *Entrevista a Amanda Polato*. Rio de Janeiro: Revista Época, ed. 21/5/2013.

GREF. *Leituras de Física Gref Mecânica para Ler, Fazer e Pensar.* Vol. 1. São Paulo: Instituto de Física/USP, 2006a.

GREF. *Leituras de Física Gref Física Térmica e Óptica para Ler, Fazer e Pensar.* Vol. 2. São Paulo: Instituto de Física/USP, 2006b.

GREF. *Leituras de Física Gref Eletromagnetismo para Ler, Fazer e Pensar.* Vol. 3. São Paulo: Instituto de Física/USP, 2006c.

HELDMAN, KIM. *Gerência de Projetos: Guia para o Exame Oficial do PMI.* Rio de Janeiro: Elsevier, 2006.

HOFFMANN, J. M. L. *Pontos e Contrapontos: do Pensar ao Agir em Avaliação.* Porto Alegre: Mediação, 1998.

HOFFMANN, J. M. L. *Avaliação: Mito e Desafio: uma Perspectiva Construtivista.* 35ª ed. Porto Alegre: Mediação, 2005.

HOUAISS, A.; VILLAR, M. S. *Dicionário Houaiss da Língua Portuguesa.* Rio de Janeiro: Objetiva, 2009.

KENSKI, V. M. *Educação e Tecnologias: o novo ritmo da informação.* 5ª ed. Campinas: Papirus, 2007 (Coleção Papirus Educação).

KHAN, S. *Um Mundo, uma Escola.* Rio de Janeiro: Intrínseca, 2013.

LEFRANÇOIS, G. R. *Teorias da Aprendizagem.* São Paulo: Cengage Learning, 2015.

LEMOV, D. *Aula Nota 10: 49 Estratégias para ser um Professor Campeão de Audiência.* 4ª ed. Porto Alegre: Penso, 2016.

LEPELTALK, J.; VERLINDEN, C. *Ensinar na Era da Informação: Problemas e Novas Perspectivas. In*: DELORS, J. (org.). A Educação para o Século XXI. Porto Alegre: Artmed. 2005.

LÉVY, P. *As Tecnologias da Inteligência: o Futuro do Pensamento na Era da Informática.* Rio de Janeiro: Ed. 34, 1993.

LIMA, J. O G de. *Perspectivas de Novas Metodologias no Ensino de Química. In*: Revista Espaço Acadêmico. V. 12, nº 136. Setembro/2012. Disponível em: www.periodicos.uem.br. Acesso em 06/11/2018.

LUCKESI, C. C. *Avaliação da Aprendizagem: Componentes do Ato Pedagógico*. São Paulo: Cortez, 2011a.

LUCKESI, C. C. *Avaliação da Aprendizagem Escolar: Estudos e Proposições*. 22ª ed. São Paulo: Cortez, 2011b.

MARQUES, L. *William Kilpatrick e o Método de Projeto*. In: Cadernos de Educação de Infância. Nº 107, Jan/Abr, 2016.

MENDES, I. A. *Matemática e Investigação em Sala de Aula: Tecendo Redes Cognitivas na Aprendizagem*. Natal: Flecha do Tempo, 2006.

MOORE, M. G. *Teoria da Distância Transacional*. Trad. Wilson Azevedo. In: Revista Brasileira de Aprendizagem Aberta e a Distância. São Paulo: Agosto, 2002. Disponível em: http://www.abed.org.br/revistacientifica/revista_pdf_doc/2002_teoria_distancia_tran sacional_michael_moore.pdf. Acesso em 16/8/2013.

MOREIRA, M. A. *Teorias de Aprendizagem*. São Paulo: EPU, 1999.

MORETTO, V. P. *Prova – Um Momento Privilegiado de Estudo – Não de Acerto de Contas*. 5ª ed. Rio de Janeiro: DP&A, 2005.

PAGNONCELLI, D.; VASCONCELLOS FILHO, P. *Sucesso Empresarial Planejado*. Rio de Janeiro : Qualitymark, 1992.

PALMER, J. A. *50 Grandes Educadores: de Confúcio a Dewey*. São Paulo: Contexto, 2005.

PDI UFPA 2016-2025. *Plano de Desenvolvimento Institucional 2016-2025*. Disponível em: www.portal.ufpa.br. Acesso em 20/12/2016.

PERRENOUD, P. *Avaliação: da Excelência à Regulação das Aprendizagens – entre Duas Lógicas*. Porto Alegre: ARTMED, 1999.

PIAZZI, P. *Como Aumentar a Inteligência - Dicas Para Estudar Com Eficiência*. 2013. Vídeo disponível em: https://www.youtube.com/watch?v=q-1pfviGMRQ. Acesso em 15/02/2018.

PILETTI, C. *Didática Geral*. São Paulo: Ática, 2000 (Série Educação).

PHILLIPS, J. *PMP Project Management Professional: Guia de Estudo*. Rio de Janeiro: Elsevier, 2004.

POLYA, G. *A Arte de Resolver Problemas: um Novo Aspecto do Método Matemático*. Rio de Janeiro: Interciência, 1995.

PONTE, C. & SIMÕES, J. A. *Comparando Resultados sobre Acessos e Usos da Internet: Brasil, Portugal e Europa*. In: TIC Kids Online Brasil 2012: Pesquisa sobre o Uso da Internet por Crianças e Adolescentes. São Paulo: Comitê Gestor da Internet no Brasil, 2013. Disponível em www.cetic.br/publicacoes/2012. Acesso em 25/8/2013.

PRESSMAN, R. S. & MAXIM, B. R. *Engenharia de Software: Uma Abordagem Profissional*. 8ª ed. Porto Alegre: AMGH, 2016.

RANGEL, M. *Métodos de Ensino para a Aprendizagem e a Dinamização das Aulas*. 4ª ed. Campinas (SP): Papirus, 2008 (Magistério: Formação e Trabalho Pedagógico).

RUSSELL, M. K. & AIRASIAN, P. W. *Avaliação em Sala de Aula: Conceitos e Aplicações*. 7ª ed. Porto Alegre: AMGH, 2014.

SANCHO, J. M. *De Tecnologias da Informação e Comunicação a Recursos Educativos*. In: SANCHO, J. M.; HERNÁNDEZ, F. Tecnologias para Transformar a Educação. Porto Alegre: Artmed, 2006.

SANMARTI, N. *Avaliar para Aprender*. Porto Alegre: Artmed, 2009.

SANTOS, A. L. C. dos; GRUMBACH, G. M. *Didática para a Licenciatura: Subsídios para a Prática de Ensino*. 2ª ed. Rio de Janeiro: Fundação CECIERJ, 2005.

SILVA, G. M. da; VIEIRA, K. T. *Técnicas de Gamification como Auxílio ao Ensino da Disciplina ´Redes de Computadores´*. 2017. 99f. Monografia. Orientador: Raimundo Viégas Junior. (Curso de Bacharelado em Sistemas de Informação) – Instituto de Ciências Exatas e Naturais, Universidade Federal do Pará, Belém.

SILVA, U. R. da. *Filosofia, Educação e Metodologia de Ensino em Comenius*. 2014. Disponível em:

http://coral.ufsm.br/gpforma/2senafe/PDF/013e4.pdf. Acesso em 24/05/2018.
SIQUEIRA, R. A. N. de. *Tendências da Educação Matemática na Formação de Professores*. 2007. Monografia. (Especialização em Educação Científica e Tecnológica) – Universidade Tecnológica Federal do Paraná – Campus Ponta Grossa, Ponta Grossa.
SIQUEIRA, E. (org.). *Tecnologias que mudam nossa vida*. São Paulo: Saraiva, 2007.
SMITH, H. W.; GODFREY, R. L.; PULSIPHER, G. L. *As 7 Leis da Aprendizagem: por que grandes líderes também são grandes professores*. Rio de Janeiro: Elsevier, 2011.
SOUZA, E. C.; SOUZA, S. H. S.; BARBOSA, I. C. C.; SILVA, A. S. *O Lúdico como Estratégia Didática para o Ensino de Química no 1º Ano do Ensino Médio*. In: Revista Virtual de Química. V. 10, nº 3. Maio-junho/2018. Disponível em: http://rvq.sbq.org.br. Acesso em 06/11/2018.
SOUZA, S. Z. L. *Revisando a Teoria da Avaliação da Aprendizagem*. In: Sousa, C. P. de. (org.). Avaliação do Rendimento Escolar. 2ª ed. Campinas: Papirus, 1993. (Coleção Magistério: Formação e trabalho pedagógico).
TALL, D. *Information Technology and Mathematics Education: Enthusiasms, Possibilities and Realities*. Centro de Investigación y Formación en Educación Matemática. Collección Digital Exodus. 2009. Disponível em:
http://www.cimm.ucr.cr/ojs/index.php/eudoxus/article/viewArticle/232. Acesso em 28/3/2012.
TARDIF, M. *Saberes Docentes e Formação Profissional*. 17ª ed. Petrópolis: Vozes, 2014.
TARDIF, M.; LESSARD, C. *O Trabalho Docente: Elementos para uma Teoria da Docência como Profissão de Interações Humanas*. 9ª ed. Petrópolis: Vozes, 2014.
TESHEINER, J. M. R. Didática & Direito: Jogo Jurídico. 2002. Disponível em:

https://www.paginasdedireito.com.br/index.php/artigos/137-artigos-mai-2002/4902-didatica-a-direito-jogo-juridico. Acesso em 11/01/2019.

TIKHOMIROV, O. K. *The Psycological Consequences of the Computerization*. In: Werstch, J. The Concept of Activity in Soviet Psychology. New York: Sharp, 1981.

TORI, R. *Métricas para uma Educação sem Distância*. In: Revista Brasileira de Educação na Educação. V. 10, N. 2, 2002.

TRUCANO, M. *Alguns Desafios para os Formuladores de Políticas Educativas na Era das TIC*. In: TIC Educação 2010. Pesquisa sobre o Uso das TIC no Brasil. São Paulo: Comitê Gestor da Internet no Brasil, 2013. Disponível em www.cetic.br/educacao/2010. Acesso em 25/8/2013.

VIEIRA, M. C. *Devagar, Quase Parando*. In: Revista Veja. Ed. 2598. São Paulo: Abril, 05/9/2018.

WEINBERG, M. *O mundo de um novo ângulo*. In: Revista Veja. Ed. 2254. São Paulo: Abril, 1º/2/2012.

WEINSCHENK, S. M. *Apresentações Brilhantes*. Rio de Janeiro: Sextante, 2014.

WERNECK, H. *Se Você Finge que Ensina, eu Finjo que Aprendo*. 26ª ed. Petrópolis: Vozes, 2009.

ZABALA, A. *A Prática Educativa: Como Ensinar*. Porto Alegre: Artmed, 1998.

ZABALA, A.; ARNAU, L.; COLOMER, T.; *et als*. *Didática Geral*. Porto Alegre: Penso, 2016.

ZÓBOLI, G. B. *Práticas de Ensino: Subsídios para a Atividade Docente*. 11ª ed. São Paulo: Ática, 2000.

ZORZAN, A. S. L. *Ensino-Aprendizagem: Algumas Tendências na Educação Matemática*. In: Revista de Ciências Humanas. V. 8, n. 10, p. 77-93, jun.2007.

APÊNDICE - IMPORTÂNCIA DA BOA DICÇÃO

Extraído de meu livro "Casos e Percepções de um Professor". Belém: abfurtado.com.br, 2016.

IMPORTÂNCIA DA BOA DICÇÃO

A prática de locução de rádio (afinal, foi meu primeiro emprego – aos dezoito anos) chamou minha atenção há muitos anos para o trabalho de grandes locutores em quem procurei me espelhar, como Cid Moreira e Sérgio Chapelin, antigos apresentadores do Jornal Nacional da Rede Globo.

A partir da observação destes e de outros grandes locutores, e comparando com a fala do cotidiano, cheguei à relação de erros comuns que se cometem e que remetem (às vezes) aos erros de ortografia feitos pelos estudantes pela pronúncia errada. Estes são listados e comentados em seguida.

Seguramente, as pronúncias dos números dezesseis (16), dezessete (17), dezoito (18) e dezenove (19) constituem os erros mais frequentes; são pronunciados como "dizesseis", "dizessete", "dizoito" e "dizenove". Curioso como não se percebe que, por exemplo, dezesseis são "dez e seis" ou "dez mais seis" e faz-se desaparecer o "dez" e fala-se "diz", erradamente.

Parecido com este erro, temos a palavra destino, pronunciada como "distino". Quem não ouviu Roberto Carlos dizer "distino" na sua canção célebre em vez de destino?

Outros falam "disafio" em vez de desafio; "disenvolver" em vez de desenvolver; "dispesa" em vez de despesa; "discanso" em vez de descanso; "divia" em vez de devia; "distaque" em vez de destaque; "campionato" em vez de campeonato; "campião" em vez de campeão; "futibol" em vez de futebol; "iscola" em vez de escola; "tisouro" em vez de tesouro; "disfile" em vez de desfile; "tioria" em vez de teoria; "intistino" em vez de intestino; "dicisão" em vez de decisão; "agradicer" em vez de agradecer; "piquena" em vez de pequena, "mendingo" em vez de mendigo.

Vendo uma palestra de um cientista de computação renomado, listei os seguintes problemas de dicção: em vez de exigir, ele dizia "ixigir"; em vez de benefícios, "binifícios"; em vez de desaparecer, "disaparecer"; e, pior de tudo, em vez de para, ele dizia "pa".

Há os casos em que a palavra admite som aberto e fechado do e; é o caso da palavra obsoleto (pode ser pronunciada como "obsoléto" ou "obsolêto"); a palavra obeso admite o e aberto (como "obéso") e fechado (como "obêso").

Há ainda os casos em que a palavra no singular tem o fechado e no plural fica aberto: por exemplo, a palavra olho (substantivo) – fica "ôlho", mas o plural fica "ólhos".

Ainda sobre palavras no plural: a palavra júnior – cujo plural faz juniores, e não "júniores", como muitos pronunciam; o mesmo ocorre com a palavra sênior – cujo plural é seniores, e não "sêniores".

Já ouvi quem pronuncie "intindi" querendo dizer entendi. Refiro-me à pessoa letrada, com boa formação, professor, que tem (ou deveria ter) compromisso com o falar correto.

Há uma lista grande de palavras com o prefixo "des" que vira "dis" ao serem pronunciadas (erradamente): desfrutar vira "disfrutar"; desviar fica "disviar"; desafinar, "disafinar"; desativar, "disativar"; desabar, "disabar"; descobrir, "discobrir"; desconfiança, "disconfiança"; desabafo, "disabafo"; desempenho, "disempenho"; desconto, "disconto".

Outros erros semelhantes: demais é pronunciado como "dimais"; depois como "dipois". Os atores e os outros profissionais da área teatral (em sua maioria) enchem a boca falando "tiatro" quando deveriam dizer teatro.

Chico Anysio ironizava os políticos nordestinos com o personagem Justo Veríssimo; era característica a pronúncia da palavra poder; na boca de Veríssimo, virava "puder", como ainda falado hoje por alguns. Outra pronúncia característica de alguns nordestinos: "muderno" no lugar de moderno. Aí o moderno acaba por ter ares de atrasado com esta fala.

E as pronúncias das palavras em que aparece a letra xis? Havia um locutor paraense famoso que exagerava na palavra máximo; deve-se pronunciar o xis como duplo esse, como se fosse "mássimo". Ele sapecava um "cs" no lugar do xis. Notei que onde ele devia usar o "cs" – como em tóxico – ele falava erradamente com o som de "ch".

Outra palavra em que aparece o xis: inexorável. Esta deve ser pronunciada com som de "z", como se fosse "inezorável"; há sempre alguém que arruma um "cs", dizendo erradamente "inecsorável".

Outra palavra com xis: sintaxe; deve ser pronunciada como se tivesse duplo esse e não "cs". A pronúncia é como se fosse escrito "sintasse".

Uma história engraçada dos meus tempos de leitor de missa na Igreja de São Miguel na Cremação, em Belém. A história foi contada pelo amigo Eduardo (vulgo "Rato"), na presença do Padre Geraldo Silva, pároco da Igreja à época, já falecido. Dizia o Eduardo que tinha presenciado um leitor de uma missa de que tinha participado alhures ler a palavra Apocalipse como se fosse proparoxítona. O engraçado é que uma das leituras deste dia era exatamente do livro do Apocalipse de São João, cabendo ao Eduardo lê-la. Não pudemos nos conter, eu e o Padre, quando ele, ao fazer a sua leitura, em flagrante ato falho, repetiu a pronúncia errada que havia ridicularizado minutos antes.

Mais erros frequentes: melhor como "milhor"; destruir como "distruir"; desespero como "disespero"; perigo como "pirigo"; sortear como "sortiar"; prateleira como "pratileira"; desastre como "disastre"; mesmo como "mermo".

Há os casos das palavras que têm a letra esse entre vogais; a pronúncia é com o som de "zê". Na palavra casa, o esse é pronunciado como se fosse "caza". Já quando o esse não ocorre entre vogais, o som de esse é mantido. Por exemplo, na palavra subsídio, o esse depois do bê é pronunciado com o som de esse.

E os erros que envolvem a letra erre? Às vezes, a letra erre não é pronunciada como em próprio (fica "própio"), propriedade (fica "propiedade"), problema (fica "poblema"), perturbar (fica "pertubar"), perturbador (fica "pertubador").

Ainda sobre o erre, há o caso do caipira paulista que pronuncia "paitido" em vez de partido. É como fala, por exemplo, o mensaleiro (e petroleiro) José Dirceu. Aliás, ouvimô-lo todos dizer na televisão que "o PT é um paitido que não roba e não deixa robar" (sic). Vejam no que deu sua frase.

Quem não se lembra do Senador Calheiros dizer que "abissolutamente" (erradamente, porque ele não pode pôr um i inexistente depois do bê) ele tinha cometido algum crime na Presidência do Senado? Absolutamente, havia provas contundentes de seus deslizes (e não "dislizes"), tanto que ele foi apeado do cargo e esteve por perder o mandato de senador por Alagoas.

No momento em que revejo este texto, desgraçadamente, Calheiros ocupa o cargo de senador (o povo de Alagoas o mandou de volta à Brasília, para representá-lo) e presidente do Senado (seus pares o colocaram na Presidência, de novo).

Erros semelhantes a este da pronúncia da palavra absoluto (como se fosse "abissoluto") que se podem apontar: optei quando se pronuncia "opitei"; advogado quando se pronuncia "adevogado"; capto quando se diz "capito"; adapto quando se diz "adapito".

Erro de dicção mais sutil ocorre com a pronúncia de palavras que o encontro consonantal "sc" e "ss". Ao pronunciar a palavra nascer, tenta-se pronunciar o "sc", produzindo um chiado. O correto é dizer como se fosse escrito "nacer"; incandescente seria como "incandecente". A palavra passar deve ser pronunciada como se fosse "paçar", evitando-se o chiado.

Há o caso em que se troca o acento tônico. Às vezes, a palavra pudico – que significa casto, recatado, que tem pudor – é pronunciada erradamente como "púdico". O mesmo ocorre com a palavra rubrica – que significa assinatura abreviada, reconhecida como autêntica; e é paroxítona – é falada erradamente como "rúbrica". Ocorre também, às vezes, com a pronúncia da palavra recém – forma abreviada ou apocopada de recente – pronunciada erradamente como "récem"; por exemplo, recém-nascido alguns pronunciam erradamente como "récem-nascido".

Voltando ao chiado da pronúncia do duplo esse em um caso de percepção mais fina: na pronúncia da frase (e em casos semelhantes) "as surpresas serão grandes em 2015", como temos como regra evitar o chiado, deve-se dizer como se fosse: "a surpresas serão grandes em 2015".

Para finalizar: observei que há erros de dicção decorrentes de erro ortográfico; da mesma forma, o erro ortográfico pode ser induzido pelo erro de dicção. Tentando entender por que alguém escreve "eu vou relê o texto", quando deveria escrever "eu vou reler o texto", observei que o estudante pronunciava "relê" em vez de "reler", daí porque escrevia erradamente.

O que foi exposto acima – nem é preciso destacar – exige domínio por parte do professor.

Observe-se que não há um padrão de erros de dicção: sempre um erro novo pode ser cometido ao pronunciar as palavras da língua.

Da mesma forma que é inaceitável que o professor escreva erradamente, também assim que ele pronuncie erradamente as palavras que fala.

Também aqui os estudantes se miram nos professores, para o bem e para o mal.

RELAÇÃO DE OBRAS DO AUTOR

LANÇADOS EM MARÇO/2019

01) 2019: "*Elementos de Didática do Direito*"; ISBN: 978-65-80325-06-1; o livro apresenta elementos de Didática voltados para o desenvolvimento de habilidades e de competências exigidas nas profissões da área do Direito; além da aula expositiva, descreve dezesseis outros métodos ou técnicas de ensino que o professor de disciplina de curso de graduação em Direito pode utilizar;

02) 2019: "*Elementos de Didática de Arquitetura e Urbanismo*"; ISBN: 978-65-80325-07-8; o livro apresenta elementos de Didática voltados para o desenvolvimento de habilidades e de competências exigidas na profissão de arquiteto; além da aula expositiva, descreve dezenove outros métodos ou técnicas de ensino que o professor de disciplina de curso de graduação em Arquitetura e Urbanismo pode utilizar;

03) 2019: "*Elementos de Didática da Administração*"; ISBN: 978-65-80325-00-9; o livro apresenta elementos de Didática voltados para o desenvolvimento de habilidades e de competências exigidas nas profissões da área de Administração (e Administração Pública); além da aula expositiva, descreve dezessete outros métodos ou técnicas de ensino que o professor de disciplina de curso de graduação em Administração (e Administração Pública) pode utilizar;

04) 2019: "*Elementos de Didática das Ciências Contábeis*"; ISBN: 978-65-80325-01-6; o livro apresenta elementos de Didática voltados para o desenvolvimento de habilidades e de competências exigidas nas profissões da área das Ciências Contábeis; além da aula expositiva, descreve dezessete outros métodos ou técnicas de ensino que o professor de disciplina de curso de graduação em Ciências Contábeis pode utilizar;

05) 2019: "*Elementos de Didática da Psicologia*"; ISBN: 978-65-80325-05-4; o livro apresenta elementos de Didática voltados para o desenvolvimento de habilidades e de competências exigidas nas profissões da área da Psicologia; além da aula expositiva, descreve dezessete ou-

tros métodos ou técnicas de ensino que o professor de disciplina de curso de graduação em Psicologia pode utilizar;

06) 2019: "*Elementos de Didática da Pedagogia*"; ISBN: 978-65-80325-04-7; o livro apresenta elementos de Didática voltados para o desenvolvimento de habilidades e de competências exigidas nas profissões da área de Pedagogia; além da aula expositiva, descreve dezessete outros métodos ou técnicas de ensino que o professor de disciplina de curso de graduação em Psicologia pode utilizar;

07) 2019: "*Elementos de Didática da Enfermagem*"; ISBN: 978-65-80325-02-3; o livro apresenta elementos de Didática voltados para o desenvolvimento de habilidades e de competências exigidas nas profissões da área de Enfermagem; além da aula expositiva, descreve dezessete outros métodos ou técnicas de ensino que o professor de disciplina de curso de graduação em Enfermagem pode utilizar;

08) 2019: "*Elementos de Didática da Medicina*"; ISBN: 978-65-80325-03-0; o livro apresenta elementos de Didática voltados para o desenvolvimento de habilidades e de competências exigidas na profissão de médico; além da aula expositiva, descreve dezessete outros métodos ou técnicas de ensino que o professor de disciplina de curso de graduação em Medicina pode utilizar;

09) 2019: "*Crônicas da Política Nossa de Cada Dia*"; ISBN: 978-65-80325-08-5; o livro é uma coletânea de crônicas políticas escritas de 2009 até 2019, extraídas dos livros "Páginas Recolhidas" lançado em 2009, de "Casos e Percepções de um Professor" de 2016, de "Outros Casos e Percepções", "Um Pouco da Minha Vida: Novos Casos e Percepções" de 2018, e de "Crônicas do Limiar de um Novo Ano" de 2019. As crônicas se encontram em sequência, de modo que é possível observar o avanço da história relatada;

10) 2019: "*Crônicas do Limiar de um Novo Ano*"; ISBN: 978-65-80325-10-8; o livro contém crônicas escritas nos dois últimos meses de 2018 e nos dois primeiros de 2019;

11) 2019: "*Saúde e Vida em Crônicas*"; ISBN: 978-65-80325-09-2; o livro é uma coletânea de crônicas a respeito de saúde e de formas e experi-

ência de vida escritas de 2009 até 2019, extraídas dos livros "Páginas Recolhidas" lançado em 2009, de "Casos e Percepções de um Professor" de 2016, de "Outros Casos e Percepções", "Um Pouco da Minha Vida: Novos Casos e Percepções" de 2018, e de "Crônicas do Limiar de um Novo Ano" de 2019.

12) 2019: "*Como Escrever Artigos Científicos, Dissertações e Teses*", 2ª edição; ISBN. 978-85-913473-7-7; esta edição, ampliada (são quase 100 páginas a mais que a anterior), mostra como estruturar artigo acadêmico (seção a seção), dissertação ou tese, capítulo a capítulo; como evitar plágio; apresenta erros mais comuns de redação cometidos pelos estudantes;

13) 2019: "*Como Escrever Trabalhos de Conclusão de Curso (Graduação)*", 2ª edição; ISBN: 978-85-913473-7-7; esta edição, ampliada (são quase 100 páginas a mais que a anterior), mostra como estruturar TCC, capítulo a capítulo; como evitar plágio; apresenta erros mais comuns de redação cometidos pelos estudantes;

14) 2019: "*Elementos de Didática das Engenharias*" (2ª edição); ISBN: 978-85-455122-6-4; o livro apresenta elementos de Didática voltados para o desenvolvimento de habilidades e de competências exigidas nas profissões da área de Engenharia; além da aula expositiva, descreve dezenove outros métodos ou técnicas de ensino que o professor de disciplina de curso de graduação em Engenharia pode utilizar;

15) 2019: "*Elementos de Didática da Química*" (2ª edição); ISBN: 978-85-455122-7-1; o livro apresenta elementos de Didática voltados para o desenvolvimento de habilidades e de competências exigidas nas profissões da área de Química (bacharel e licenciado); além da aula expositiva, descreve dezenove outros métodos ou técnicas de ensino que o professor de Química pode utilizar;

16) 2019: "*Elementos de Didática da Matemática*" (2ª edição); ISBN: 978-85-455122-3-3; o livro apresenta elementos de Didática voltados para o desenvolvimento de habilidades e de competências exigidas nas profissões da área de Matemática (bacharel e licenciado); além da aula expositiva, descreve vinte e um outros métodos ou técnicas de ensino que o professor de Matemática pode utilizar;

17) 2019: *"Elementos de Didática da Física"* (2ª edição); ISBN: 978-85-455122-4-0; o livro apresenta elementos de Didática voltados para o desenvolvimento de habilidades e de competências exigidas nas profissões da área de Física (bacharel e licenciado); além da aula expositiva, descreve dezenove outros métodos ou técnicas de ensino que o professor de Física pode utilizar;

18) 2019: *"Elementos de Didática das Ciências Naturais"* (2ª edição); ISBN: 978-85-455122-5-7; o livro apresenta elementos de Didática voltados para o desenvolvimento de habilidades e de competências exigidas na Licenciatura de Ciências Naturais; além da aula expositiva, descreve dezenove outros métodos ou técnicas de ensino que o professor de matemática pode utilizar;

19) 2019: *"Elementos de Didática da Computação"* (2ª edição); ISBN: 978-85-913473-8-4; o livro apresenta elementos de Didática voltados para o desenvolvimento de habilidades e de competências exigidas nas profissões da área de computação; além da aula expositiva, descreve dezenove outros métodos ou técnicas de ensino que o professor de computação pode utilizar;

20) 2018: *"Para Quem Gosta de Gerenciar"*; ISBN: 978-85-455122-8-8; o livro contém notas curtas que abordam tópicos de gerência (Habilidades do administrador, Força do capitalismo, Maquiavel e a mudança, Exemplos de persistência, Segredo da mestria, Quando Direito é prioridade, As fases de um projeto, A lei de Parkinson, Princípio de Pareto, Preço do pioneirismo, Como ficar rico?, Conceituando visão de futuro e 113 outras notas);

21) 2018: *"Mais Casos e Percepções de 2018"*; ISBN: 978-85-455122-9-5; o livro é uma continuação do livro "Casos e Percepções de um Professor" (publicado em 2016); contém crônicas escritas no segundo semestre de 2018;

22) 2018: *"Para Ensinar Melhor"*; ISBN: 978-85-455122-2-6; o livro contém notas curtas que abordam tópicos de didática, docência superior, experiência didática;

23) 2018: "*Outros Casos e Percepções*"; ISBN: 978-85-455122-0-2; o livro é uma continuação do livro "Casos e Percepções de um Professor", publicado em 2016; contém crônicas escritas em 2017;

24) 2018: "*Um Pouco da Minha Vida: Novos Casos e Percepções*"; ISBN: 978-85-455122-1-9; o livro é uma continuação do livro "Casos e Percepções de um Professor", publicado em 2016; contém crônicas escritas em 2018;

25) 2018: "*Empreender é a Questão*"; ISBN: 978-85-913473-9-1; o livro apresenta elementos para o empreendedorismo, abordando os principais conceitos de interesse de quem pretende empreender.

LIVROS LANÇADOS ENTRE 2017 E 2009:

26) 2017: "*Como Escrever Artigos Científicos, Dissertações e Teses*"; ISBN. 978-85-913473-7-7; o livro mostra como estruturar artigo acadêmico (seção a seção), dissertação ou tese, capítulo a capítulo; como evitar plágio; apresenta erros mais comuns de redação cometidos pelos estudantes;

27) 2017: "*Como Escrever Trabalhos de Conclusão de Curso (Graduação)*"; ISBN: 978-85-913473-7-7; o livro mostra como estruturar TCC, capítulo a capítulo; como evitar plágio; apresenta erros mais comuns de redação cometidos pelos estudantes;

28) 2017: Adilson O. Espírito Santo; Alfredo Braga Furtado; Ednilson Sergio R. Souza (org.). "*Modelagem na Educação Matemática e Científica: Práticas e Análises*". Belém: Açaí, 2017; ISBN: 978-85-6158-108-4; contém artigos produzidos pelos participantes do Grupo de Estudos em Modelagem Matemática (GEMM do PPGECM do IEMCI da UFPA) em 2016;

29) 2016: "*Tópicos de Modelagem Matemática*" (com Manoel J. S. Neto); ISBN: 978-85-913473-4-6; contém tópicos constantes das teses dos autores;

30) 2016: "*Casos e Percepções de um Professor*" (livro de crônicas; contém casos engraçados ou que levam a aprendizagem para a vida; contém percepções do autor); ISBN: 978-85-913473-5-3;

31) 2015: *"Questões de Concursos Públicos para Analistas de Sistemas"*; ISBN: 978-85-913473-2-2; preparatório para concurso público – contém mais de 300 questões de concursos públicos, com respostas e comentários, sobre os assuntos que constam dos programas de concursos para analistas de sistemas (assuntos das questões: engenharia de software, bancos de dados, redes de computadores, etc.); a maior parte das mais de 300 questões que constam do livro foi elaborada por mim mesmo para concursos públicos reais, de cujas bancas elaboradoras participei nos últimos anos; a propósito, com a publicação do livro, decidi não mais participar destas bancas; além das questões próprias, incluí também umas poucas questões do Enade (Exame Nacional de Desempenho) realizado pelo INEP/MEC e do POSCOMP (Sociedade Brasileira de Computação);

32) 2015: *"A Volta da Tartaruga Sapeca"* (livro infantil); ISBN: 978-85-913473-3-9;

33) 2013: *"Curso de Construção de Algoritmos (com Java)"* (com Valmir Vasconcelos); ISBN: 978-85-913473-1-5; todos os algoritmos construídos ao longo do livro são codificados em Java;

34) 2012: *"A Tartaruga Sapeca"* (livro infantil): ISBN: 978-85-913473-0-8;

35) 2010: *"Prática de Análise e Projeto de Sistemas"* (com Júlio Valente da Costa Júnior); ISBN: 978-85-61586-15-7; apresenta, em 496 páginas, conteúdo básico sobre engenharia de software (com UML); no fim de cada capítulo, lista de exercícios (incluindo questões do Enade e do POSCOMP) com respostas.

36) 2009: *"Páginas Recolhidas: Política, Educação, Administração, Artigos, Valores, Crônicas e outros temas"*; ISBN: 978-85-61586-08-9; crônicas sobre vários assuntos são reunidas no livro.

37) 1997: *"Catálogo do Curso de Bacharelado em Ciência da Computação"*. Furtado, A. B. & Abelém, A. (org.). Belém: Universitária/UFPA, 1997.

38) 1985: *"Programação Estruturada em COBOL"*. Rio de Janeiro: Campus, 1985. ISBN: 85-7001-193-8.

AQUISIÇÃO DE EXEMPLARES DOS LIVROS ACIMA

Exemplares dos livros em formato pdf (com exceção dos livros 15, 37 e 38) podem ser comprados diretamente com o autor: contatos pelo e-mail abf@ufpa.br ou por meio do www.abfurtado.com.br (é preciso informar nome completo e CPF; estes dados constarão do rodapé das páginas do pdf).

www.ingramcontent.com/pod-product-compliance
Lightning Source LLC
Chambersburg PA
CBHW020923090426
42736CB00010B/1017